科学养羊与疾病防治

KEXUE YANGYANG YU JIBING FANGZHI

崔斌 程磊 编著

内蒙古人民出版社

图书在版编目（CIP）数据

科学养羊与疾病防治 / 崔斌，程磊编著 . -- 呼和浩特：内蒙古人民出版社，2022.12
（助力乡村振兴 养殖致富丛书）
ISBN 978-7-204-17301-3

Ⅰ . ①科… Ⅱ . ①崔… ②程… Ⅲ . ①羊－饲养管理 ②羊病－防治 Ⅳ . ① S826 ② S858.26

中国版本图书馆 CIP 数据核字 (2022) 第 250883 号

助力乡村振兴 养殖致富丛书
科学养羊与疾病防治

作　　者　崔　斌　程　磊
责任编辑　郝　乐
封面设计　刘那日苏
出版发行　内蒙古人民出版社
地　　址　呼和浩特市新城区中山东路 8 号波士名人国际 B 座 5 楼
印　　刷　内蒙古爱信达教育印务有限责任公司
开　　本　880mm × 1230mm　1/32
印　　张　3.5
字　　数　100 千
版　　次　2022 年 12 月第 1 版
印　　次　2022 年 12 月第 1 次印刷
印　　数　1—3000 册
书　　号　ISBN 978-7-204-17301-3
定　　价　18.00 元

图书营销部联系电话：（0471）3946298　3946267
如发现印装质量问题，请与我社联系。联系电话：（0471）3946120

前　言

我国是农业大国，党的十八大以来，经过八年齐心协力的脱贫攻坚，让全国几千万农民摆脱了贫困，生活水平全方位改善。实现社会主义农业现代化的出路在于科技与教育，鉴于此，我们精心推出“助力乡村振兴，养殖致富丛书”，旨在普及推广现代养殖业的科技知识，为农民致富、为农村经济发展尽我们的绵薄之力。

“助力乡村振兴，养殖致富丛书”是一套指导养殖人员科学、高效生产的专业图书，共包含《科学养猪与疾病防治》《科学养牛与疾病防治》《科学养羊与疾病防治》《科学养鸡与疾病防治》《科学养鱼与疾病防治》《科学养鸽与疾病防治》六个分册。本套丛书采用图文结合的方式，以通俗易懂的语言，全面、系统地介绍了养殖技术与疾病防治知识，力求使读者一读就懂、一看就会。

本丛书编写工作得到了有关农业研究单位、农业院校的诸多农学专家的大力支持。这些年轻有为的农学专家都是有着丰富理论和实践经验的专业人员，在编写中注重知识的实用性与准确性，突出技术的科学性与可操作性，并选用行业发展的最前沿信息，以期切实指导农民增产增收，为他们走上致富之路提供助力。

丛书编委会

目　录

第一章　羊场的建造

羊舍是养羊业生产的主要基础建筑设施。我国饲养绵羊、山羊的地区几乎遍及全国。各地自然生态环境条件、社会经济条件的差异，造成饲养绵羊和山羊品种类型、生产方向、饲养管理方式的多样性，因此羊舍的建筑设施种类差异也很大。在养羊生产水平较高的地区，有能满足羊规模化生产的较好的羊舍与设施；有些地区的养羊方式尚处于游牧或半游牧式。虽然绵羊、山羊是一种适宜放牧的家畜，能较好地适应游牧生活，但是现代化养羊业能产生更高的经济效益，要求专业化生产，就必须改变旧的生产方式，更好、更合理地去满足和保证羊只的生理要求，表现出最好的生产性能。为了达到这个目的，在考虑羊场建设及其相关设施时，既要因时因地制宜，又要把眼光放远一点。随着科技进步与生产力发展，新的养羊方式将逐步取代落后的方式，由单一养羊专业户转变为大规模集约化工厂养羊，实现养羊生产的现代化。

一、羊舍选址的基本要求和原则

（一）羊舍选址的基本要求

1. 地形、地势　绵羊、山羊均喜干燥，厌潮湿，所以干燥通风、冬暖夏凉的环境是羊最适宜的生活环境。因此羊舍选址要求地势较高、避风向阳，地下水位低、排水良好、通风干燥，切忌选在低洼涝地、山洪水道、冬季风口之地。

图 1-1　羊场

2. 水源　羊的生产需水量比较大，除了羊饮用以外，羊舍的冲洗也需要大量的水。水源在选择场址时应该重点考虑。要求水源供应充足，清洁无严重污染源，上游地区无严重排污厂矿，无寄生虫污染危害区。以舍饲为主时，水源以自来水为最好，其次是井水。舍饲羊日需水量大于放牧羊，夏秋季大于冬春季。

3. 交通便利，通信方便，有一定能源供应条件

4. 能保证防疫安全　主要圈舍区应距公路、铁路交通干线和河流300米以上。场内兽医室、病畜隔离室、贮粪池、尸坑等应位于羊舍的下风方向，距离羊舍500米以外。各圈舍间应有一定的隔离距离。羊舍的位置还应该考虑远离居民区和其他人口比较密集的地方。

5. 具备一定的防灾抗灾能力

（二）修建羊场应遵循以下原则

1. 因地制宜　羊场的规划、设计及建筑物的营造绝对不可简单模仿，

应根据当地的气候、场址的形状、地形地貌、小气候、土质及周边实际情况进行规划和设计。例如平地建场必须搭棚盖房；在沟壑地带建场，挖洞筑窑作为羊舍及用房更加经济适用。

2. 适用经济　建场修圈不仅必须能够适应集约化、程序化肉羊生产工艺流程的需要和要求，而且还必须投资少。也就是说，该建的一定要建，并且必须建好，与生产无关的绝对不建，绝不追求奢华。因为肉羊生产毕竟是一种低附加值的产业，任何原因造成的生产经营成本的增加，要以微薄的盈利来补偿都是不易的。

3. 急需先建　羊场的选址、规划、设计全都确定以后，一般不可从开始就全面开花，等把全部场舍都建设齐全以后再开始养羊。相反，应当根据经济能力办事，先根据能够达到盈利规模的需要进行建设，并使羊群尽快达到这一规模。

4. 逐步完善　一个羊场，特别是大型羊场，基本设施的建设一般是分期分批进行的，像单身母羊舍、配种室、怀孕母羊舍、产房、带仔母羊舍、种公羊舍、隔离羊舍、兽医室等设计、要求、功能各不相同的设施，绝对不可一下都修建齐全以后才开始养羊。在这种情况下，为使场地功用问题不至影响生产，可选择复合式经营，先建一些功能比较齐全的带仔母羊舍以代替别的羊舍之用。至于办公用房、产房、配种室、种公羊圈，可在某栋带仔母羊舍某一适当的位置留出一定的间数，暂改他用，以备生产之急需。等别的专用羊舍、建筑建好以后，再把这些临时占用的带仔母羊舍逐渐腾出来，用于饲养带仔母羊。

二、羊舍建造的基本要求

1. 地面　地面是羊运动、采食和排泄的地方，按建筑材料不同分为土、砖、水泥和木质地面等。

（1）土质地面　属于暖地（软地面）类型。土质地面柔软，富有弹性，不光滑，易于保温，造价低廉。缺点是不够坚固，容易出现小坑，不便于清扫消毒，易形成潮湿的环境。用土质地面时，可混入石灰增强黄土的黏固性，也可用三合土（石灰∶碎石∶黏土 =1∶2∶4）地面。

（2）砖砌地面　属于冷地面（硬地面）类型。因砖的空隙较多，导热性小，具有一定的保温性能。成年母羊舍粪尿相混的污水较多，容易造成不良环境。砖地易吸收大量水分，破坏其本身的导热性而变冷变硬。砖地吸水后，经冻易破碎，加上本身易磨损的特点，容易形成坑穴，不便于清扫消毒。所以用砖砌地面时，砖宜立砌，不宜平铺。

（3）水泥地面　属于硬地面。其优点是结实、不透水、便于清扫消毒。缺点是造价高，地面太硬，导热性强，保温性能差。为防止地面湿滑，可将表面做成麻面。

（4）漏缝地板　集约化饲养的羊舍可建造漏缝地板，用厚 3.8 厘米、

图 1–2　漏缝地板

宽6~8厘米的水泥条筑成，水泥条之间的距离为1.5~2厘米。漏缝地板羊舍需配以污水处理设备，造价较高，国外大型羊场和我国南方一些羊场已普遍采用。这类羊舍为了防潮，可隔日抛撒木屑，同时应及时清理粪便，以免污染舍内空气。

2. 羊床　羊床是羊躺卧和休息的地方，要求洁净、干燥、不残留粪便和便于清扫，可用木条或竹片制作，木条宽3.2厘米、厚3.6厘米，缝隙宽要略小于羊蹄的宽度，以免羊蹄漏下折断羊腿。羊床大小可根据圈舍面积和羊的数量而定。漏缝地板是一种新型畜床材料，在国外已普遍采用，但目前价格较贵。

3. 墙体　墙体对畜舍的保温与隔热起着重要作用，一般多采用土、砖和石等材料。近年来建筑材料科学发展很快，许多新型建筑材料如金属铝板、钢构件和隔热材料等已经用于各类畜舍建筑中。用这些材料建造畜舍，不仅外形美观、性能好，而且造价也不比传统的砖瓦结构建筑高多少，是未来大型集约化羊场建筑的发展方向。

4. 屋顶和天棚　屋顶应具备防雨和保温隔热功能。挡雨层可用陶瓦、石棉瓦、金属板和油毡等制作。在挡雨层的下面应铺设保温隔热材料，常用的有玻璃丝、泡沫板和聚氨酯等保温材料。

5. 运动场　单列式羊舍应坐北朝南排列，运动场应设在羊舍的南面；双列式羊舍应南北向排列，运动场设在羊舍的东西两侧，以利于采光。运动场地面应低于羊舍地面，并向外稍倾斜，便于排水和保持干燥。

6. 围栏　羊舍内和运动场四周均设有围栏，其功能是将不同大小、不同性别和不同类型的羊相互隔离开，并限制在一定的活动范围之内，以利于提高生产效率和便于科学管理。围栏高度在1.5米较合适，材料可以是木栅栏、铁丝网、钢管等。围栏必须有足够的强度和牢固度，因为

与绵羊相比，山羊的顽皮性、好斗性和运动撞击力要大得多。

7. 食槽和水槽 尽可能设计在羊舍内部，以防雨水和冰冻。食槽可用水泥、铁皮等材料建造，深度一般为15厘米，不宜太深。底部应为圆弧形，四角也要用圆弧角，以便清洁打扫。水槽可用成品陶瓷水池或其他材料，底部应有放水孔。

三、羊舍的类型及式样

羊舍的功能主要是为了保暖、遮风避雨和便于羊群的管理。适用于规模化饲养的羊舍，除了具备基本功能外，还应该充分考虑不同类型如绵羊、山羊的特殊生理需要，尽可能保证羊群能有较好的生活环境。中国养羊业分布区域广，生态环境条件及生产方式差异大，羊舍类型多，主要分为以下几种：

1. 长方形羊舍 这是中国养羊业采用较为广泛的一种羊舍形式。这种羊舍具有建筑方便、变化样式多、实用性强的特点。可根据不同的饲养地区、饲养方式、饲养品种及羊群种类，设计内部结构和运动场。在牧区，以放牧为主，只冬季和产羔季节才利用羊舍，其余大多数时间羊群均在野外过夜。羊舍的内部结构相对简单些，只需要在运动场安放必要的饮水、补饲及草料架等设施。以舍饲或半舍饲为主的养羊区或以饲养奶山羊为主的羊场和专业户，应在羊舍内部安置草架、饲槽和饮水等设施。以舍饲为主的羊舍多修为双列式。双列式又分为对头式和对尾式两种。双列对头式羊舍中间为走道，走道两侧各修一排带有颈枷的固定饲槽，羊只采食时头对头。这种羊舍有利于饲养管理及对羊只采食的观察。双列对尾式羊舍走道、饲槽和颈枷靠羊舍两侧窗户而修，羊只尾对尾。双列羊舍的运动场可修在羊舍外的一侧或两侧。羊舍内可根据需要隔成

小间，也可以不隔；运动场同样可分隔，也可不分隔。

2. 楼式羊舍　在气候潮湿的地区，为了保持羊舍的通风干燥，可修建漏缝地板式羊舍。夏秋季，羊住楼上，粪尿通过漏缝地板落入楼下地圈；冬春季，将楼下粪便清理干净后，楼下住羊，楼上堆放干草饲料，防风防寒，一举两得。漏缝地板可用木条、竹子敷设，也可敷设水泥预制漏缝地板。漏缝缝隙为 1.5~2 厘米，离地面距离通常为 2 米左右。楼上开设较大的窗户，楼下则只开较小的窗户。楼上面对运动场一侧既可修成半封闭式，也可修成全封闭式。饲槽、饮水槽和补饲草架等均可修在运动场内。

3. 塑料薄膜大棚式羊舍　用塑料薄膜建造畜舍，提高舍内温度，可在一定程度上改善寒冷地区冬季养羊的生产条件，十分有利于发展适度规模专业化养羊生产，而且投资少，易于修建。塑料薄膜大棚羊舍的修建，可利用已有的简易敞圈或羊舍的运动场，搭建好骨架后扣上密闭的塑料薄膜即成。骨架材料可选用木材、钢材、竹竿、铁丝、铅丝或铝材等。塑料薄膜可选用白色透明的、透光好、强度大，厚度为 100~120 微米、宽度为 3~4 米，抗老化和保温好的膜，例如聚氯乙烯膜、聚乙烯膜、无滴膜等。塑膜棚羊舍可修成单斜面式、双斜面式、半拱形或拱形。薄膜可覆盖单层，也可覆盖双层。棚内圈舍排列，既可为单列，也可修成双列。结构最简单、最经济实用的为单斜面式单层单列式膜棚。图 1–3 为拱型双斜面式塑膜棚羊舍构造示意图。建筑方向坐北向南。棚舍中梁高 2.5 米，后墙高 1.7 米，前沿墙高 1.1 米。后墙与中梁间用木材搭棚，中梁与前沿墙间用竹片搭成弓形支架，上面覆盖单层或双层膜。棚舍前后跨度 6 米、长 10 米，中梁垂直地面与前沿墙距离 2~3 米。山墙一端开门，供饲养员和羊群出入，门高 1.8 米、宽 1.2 米。在前沿墙基 5~10 厘米处留进气孔，棚顶开设 1~2 个排气百叶窗，排气孔应为进气孔的 1.5~2 倍。棚内可沿墙设补饲槽、

图 1–3　平顶双列式羊舍

产仔栏等设施。棚内圈舍可隔离成小间，供不同年龄羊只使用。在北方地区的寒冷季节（1、2 月份和 11、12 月份），塑膜棚羊舍内的最高温度可达 5.0 ℃，最低温度为 –0.7 ℃，分别比棚外温度提高 5.9 ℃和 21.6 ℃，可基本满足羊的生长发育要求。

四、养羊场的基本设施

养羊多以放牧为主，因此舍内设施较为简便。最基本的设施为：

1. 饲槽、草架　饲槽用于冬春季补饲精料、颗粒料、青贮料和供饮水之用。草架主要用于补饲青干草。饲槽和草架有固定式和移动式两种。固定式饲槽可用钢筋混凝土制作，也可用铁皮、木板等材料制成，固定在羊舍内或运动场。草架可用钢筋、木条和竹条等材料制作。饲槽、草架设计制作的长度应使每只羊采食时不相互干扰，羊蹄不能踏入槽中或架内，并避免架内草料落在羊身上。

图 1–4 养羊场的基本设施

2. 多用途活动栏圈 主要用于临时分隔羊群及分离母羊与羔羊。可用木板、原竹、钢筋、铁丝等制作。栏的高度视其用途可高可低，羔羊栏高 1~1.5 米，大羊栏高 1.5~2 米。栏可做成移动式，也可做成固定式。

3. 药浴设备 药浴池为绵羊设置用来防治外寄生虫，用砖、石、水泥等建造而成。药浴池长 1~1.2 米，池顶宽 60~80 厘米，池底宽 40~60 厘米，深 1~1.2 米，以装了药液后不至淹没羊头部为准。入口处设漏斗形围栏，羊群依次滑入池中洗浴，出口是有一定倾斜坡度的小台阶，使羊缓慢地出池，让羊在出浴后停留时身上的药液流回池中。

4. 青贮设备 青贮的方式有很多种，常用的青贮设备有：

（1）青贮袋 用特制塑料大袋作为贮藏工具，国内外均较为普遍使用。这种塑料大袋长度可达数米，例如有一种厚 0.2 毫米、直径 2.4 米、长 60 米的聚乙烯薄膜圆筒袋，可根据需要剪切成长度不同的袋子。青贮袋制作的青贮料损失少、成本低，很适合农村专业户使用。

（2）青贮窖或青贮壕　选择地势高、干燥、地下水位低、土质坚实、离羊舍近的地方，挖圆形土窖。窖的大小可视情况而定，通常为直径2.5米、深3~4米。长方形青贮壕，宽3~3.5米、深10米左右，长度视需要而定，通常为15~20米。用青贮壕或青贮窖进行青贮，设备成本低，容易制作，尤其适合北方农牧区。缺点是地势选择不好时窖中容易积水，导致青贮霉烂，开窖后需要尽快用完。

五、不同生产方向所需羊舍的面积

不同生产方向的羊群，以及处于不同生长发育阶段的羊只，所需要的羊舍面积是不相同的。羊舍总面积大小主要取决于饲养量多少。羊舍过小，舍内潮湿，空气污染严重时，会妨害羊的健康生长，影响生产效率，管理也不方便。

表1-1　各种羊所需羊舍面积　　单位：平方米／只

项目	细羊毛、半细羊毛	奶山羊	绒山羊	肉用羊	毛皮羊
面积	1.5~2.5	2.0~2.5	1.5~2.5	1.0~2.0	1.2~2.0

表1-2　同一生产方向各类羊只所需羊舍面积　　单位：平方米／只

项目	产羔母羊	公羊单饲	公羊群饲	育成公羊	周岁母羊	羔羊去势后
面积	1~2	4~6	2~2.5	0.7~1	0.7~0.8	0.6~0.8

第二章　羊的营养与饲料

一、羊的营养需求

（一）维持的营养需要

羊从草料中获得的营养物质包括碳水化合物、蛋白质、脂肪、矿物质、维生素和水。碳水化合物和脂肪主要为羊提供生存和生产所必需的能量；蛋白质是羊体生长和组织修复的主要原料，也提供部分能量；矿物质、维生素和水在调节羊的生理机能、保障营养物质和代谢产物的传输方面，

图 2-1　羊在采食饲料

具有重要作用，其中钙、磷是组成牙齿和骨骼的主要成分。

维持的营养需要是指在仅满足羊的基本生命活动（呼吸、消化、体液循环、体温调节等）的情况下，羊对各种营养物质的需要。羊的维持需要得不到满足，就会动用体内贮存的养分来弥补亏损，导致体重下降和体质衰弱等不良后果。只有当日粮中的能量和蛋白质等营养物质超出羊的维持需要时，羊才能维持一定水平的生产能力。干乳空怀的母羊和非配种季节的成年公羊，大都处于维持饲养状态，对营养水平要求不高。山羊的维持需要与同体重的绵羊相似或略低。

1. 能量　羊采食的饲料中三大有机物，即蛋白质、碳水化合物和脂肪在体内进行生物氧化，释放出分子内潜藏的化学能量，再转化成维持生命活动和从事肉、乳、毛等生产所需的能量。其中，碳水化合物在植物性饲料中占 70% 左右，是羊能量的主要来源。饲料中的能量蕴藏在营养物质之中，羊营养物质的代谢必然伴随着能量代谢。之所以把能量单提出来作为羊的营养需要的一项，是因为能量水平在羊饲养标准中占有很重要的地位。实践证明，饲养效果与能量水平密切相关，即能量水平直接影响生产水平。羊和其他单胃动物一样，能自动地调节采食量以满足其对能量的需要。不过，羊消化道的容量是有一定限度的，因此，其自动调节能力也是有限度的。日粮能量水平过低，虽然它能增加采食量，但不能满足其对能量的需要，则会导致羊的健康恶化，能量利用率降低，体脂分解多导致酮血症，体蛋白分解多而致毒血症。若日粮中能量过高，谷物饲料比例过大，则会出现大量易消化的碳水化合物由小肠进入大肠，从而增加大肠的负担，出现异常发酵，轻则引起消化紊乱，重则发生消化道疾病。另外，如果日粮中能量水平偏高，羊会因脂肪沉积过多而肥胖。对繁殖母羊来说，体脂过高对雌性激素有较大的吸收作用，从而损害繁殖性能。公羊过肥会造成配种困难等不良后果。控制能量水平，可推迟

后备母羊性成熟月龄，然而对其以后的繁殖机能是有益的。对毛用羊，过高的能量供给不仅是浪费，而且对毛的产量和质量会产生一定程度的不良影响。因此，要针对羊的不同种类、不同生理状态控制合理的能量水平，保证羊健康，提高生产性能。

碳水化合物是一类结构复杂的有机物，包括淀粉、糖类、半纤维素、纤维素和木质素等。碳水化合物是组成羊日粮的主体，是能量的主要来源。羊依靠瘤胃微生物的发酵，将碳水化合物转化为挥发性脂肪酸，以满足羊对能量的需要。据报道，瘤胃中分解的淀粉和糖类可占总量的95%，只有少量可溶性碳水化合物进入后段消化道中。在高粗料日粮条件下，羊所产生的挥发性脂肪酸主要是乙酸；改喂高能低蛋白日粮时，羊乳酸的比例上升；而改喂高能高蛋白日粮时，羊丁酸的比例增加。后两种情况对羊都有不利的影响。

2. 蛋白质　蛋白质是由氨基酸组成的含氮化合物，是羊体组织生长和修复的重要原料。同时，羊体内的各种酶、内分泌、色素和抗体等大多是氨基酸的衍生物；离开了蛋白质，生命就无法维持。在维持饲养条件下，蛋白质主要是满足组织新陈代谢和维持正常生理机能的需要。

3. 矿物质　羊即使处于完全饥饿的状态下，为维持正常的代谢活动，仍需消耗一定的矿物质。所以，在维持饲养时，必须保证一定水平的矿物质量。羊最易缺乏的矿物质是钙、磷和食盐。此外，还应补充必要的矿物质微量元素。

4. 维生素　羊在维持饲养时要消耗一定的维生素，必须从饲料中补充，特别是维生素A和D。在羊的冬季日粮中搭配一些胡萝卜或青贮饲料，能保证羊的维生素需要。

5. 水　水对人、畜都是不可缺少的重要营养物质。为羊提供充足、

卫生的饮水，是羊只保健的重要环节。

（二）产毛的营养需要

羊毛是一种由18种氨基酸组成的角化蛋白质，富含含硫氨基酸，其胱氨酸的含量可占角蛋白总量的9%~14%。瘤胃微生物可利用饲料中的

图2–2　产毛羊

无机硫合成含硫氨基酸，以满足羊毛生长的需要，提高羊毛产量，改善羊毛品质。在羊日粮干物质中，氮、硫比例以保持5~10∶1为宜。产毛的营养需要与维持、生长、肥育和繁殖等的营养需要相比，比较低，并远低于产奶的营养需要。当日粮的粗蛋白水平低于5.8%时，不能满足产毛的最低营养需要。产毛的能量需要约为维持需要的10%。铜与羊的产毛关系密切，缺铜的羊除表现贫血、瘦弱和生长发育受阻外，羊毛弯曲变浅，被毛粗乱，直接影响羊毛的产量和品质。但应注意的是，绵羊对铜的耐受力非常有限，每公斤饲料干物质中铜的含量达5~10毫克已能满足羊的

各种需要，超过 20 毫克时有可能造成羊的铜中毒。维生素 A 对羊毛生长和羊的皮肤健康十分重要。夏秋季一般不易缺乏，而冬春季则应适当补充。其主要原因是牧草枯黄后，维生素 A 已基本被破坏，不能满足羊的需要。对以高粗料日粮或舍饲饲养为主的羊，应提供一定的青绿多汁饲料或青贮料，以弥补维生素的不足。

（三）产奶的营养需要

产奶是母羊的重要生理机能。母羊的泌乳量直接影响羔羊的生长发育，同时也影响奶羊生产的经济效益。绵羊奶和山羊奶在营养成分含量、品质等方面有一定的差异。一般而言，山羊奶水分高、乳脂低、膻味较大，乳蛋白中酪蛋白含量稍高，奶酪制品稍粗糙。但山羊的产奶量较高，是发展奶羊生产的主体。羊奶中的酪蛋白、白蛋白、乳脂和乳糖等营养成分都是饲料中不存在的，必须经过乳房合成。饲料中碳水化合物和蛋白质供应不足，会影响产奶量，缩短泌乳期。对于高产奶山羊，仅靠放牧或补喂干草不能满足产奶的营养需要，必须根据产奶量的高低，补喂一定数量的混合精料。每公斤山羊奶含 0.46 公斤饲料单位的净能、49g 可

图 2-3　产奶羊

消化蛋白质、2.8g钙和2.2g磷，此外还含有一定数量的矿物质微量元素和维生素。在奶山羊的补饲精料中，钙、磷的含量和比例对产奶量都有较明显的影响，较合理的钙、磷比例为1.5~1.7∶1。维生素A、D对奶山羊的产奶量有明显的影响，必须从日粮中补充，尤其在舍饲饲养时，给羊提供较充足的青绿多汁饲料有促进产奶的作用。据观察，当母乳中缺乏维生素D时，羔羊对钙、磷的吸收和利用能力下降，有碍羔羊的生长和发育。

（四）生长和肥育的营养需要

从性状度量的角度来讲，羊的生长和肥育都表现为增重和产肉量增加。但在羊的不同生理阶段，增重对营养物质的需要有很大的差异。

1. 生长的营养需要 羊从出生到1.5岁，肌肉、骨骼和各器官组织的发育较快，需要沉积大量的蛋白质和矿物质，尤其是初生至8月龄，是羊生后生长发育最快的阶段，对营养的需要量较高。羔羊在哺乳前期（0~8周龄）主要依靠母乳来满足其营养需要，而后期（9~16周龄）必须给羔羊单独补饲。哺乳期羔羊的生长发育非常快，每公斤增重仅需母乳5公斤左右。羔羊断奶后，日增重略低一些，在一定的补饲条件下，羔羊8月龄前的日增重可保持在100~200g。绵羊的日增重高于山羊。羊增重的可食成分主要是蛋白质（肌肉）和脂肪。在羊的不同生理阶段，蛋白质和脂肪的沉

图2-4　羊的生长和育肥

积量是不一样的。体重为10公斤时，蛋白质的沉积量可占增重的35%；体重在50~60公斤时，此比例下降为10%左右，脂肪沉积的比例明显上升。在羔羊的育成前期，增重速度快，每公斤增重的饲料报酬高、成本低。育成后期（8月龄以后），羊的生长发育仍未结束，对营养水平要求较高，日粮的粗蛋白水平应保持在14%~16%（日采食可消化蛋白质135~160g）。育成期以后（1.5岁），羊体重的变化幅度不大，随季节、草料、妊娠和产羔等不同情况有一定的增减，主要表现为体脂肪的沉积或消耗。

2. 肥育的营养需要　肥育的目的是要增加羊肉和脂肪等可食部分，改善羊肉品质。羔羊的肥育以增加肌肉为主，而对成年羊主要增加脂肪。因此，成年羊的肥育对日粮蛋白质水平要求不高，只要能提供充足的能量饲料，就能取得较好的肥育效果。如我国北方牧区在羊只屠宰前（1.5~2个月）采用短期放牧肥育，既可提高产肉量，又可改善羊肉品质，增加养羊收入。

（五）繁殖的营养需要

羊的体况与繁殖能力有密切的关系，而营养水平又是影响羊体况的重要因素。

1. 种公羊的营养需要　一年中，种公羊处于两种不同的生理阶段，即配种期和非配种期。在配种期内，要根据种公羊的配种强度或采精次数，合理调整日粮的能量和蛋白质水平，并保证日粮中蛋白质占有较大的比例。公羊的射精量平均为1毫升（0.7~2毫升），每毫升精液所消耗的营养物质约相当于50g可消化蛋白质。配种结束后，种公羊随即进入非配种期。在此阶段，种公羊的营养水平可相对较低。通常，日粮的营养水平比维持时期高10%~20%已能满足需要；日粮的粗料比例也可较高。值得注意的是：（1）配种结束后的最初1~2个月是种公羊体况恢复的时期，配种任务重或采精多的种公羊由于体况下降明显，在恢复期内应继续饲喂配种期的日粮，同时提供充足的青绿多汁饲料，待种公羊的体况基本恢复后再逐渐改喂非配种期日粮；（2）种公羊的日粮不能全部采用干草或秸秆，必须保持一定比例的混合精料，以免造成种公羊腹围过大而影响配种。在生产中，种公羊在非配种期的混合精料补喂量一般为0.5~1.0公斤，同时应尽可能保证一定量的青绿多汁饲料。

2. 繁殖母羊的营养需要　母羊配种受胎后即进入妊娠阶段，这时除满足母羊自身的营养需要外，还必须为胎儿提供生长发育所需的养分。

（1）妊娠前期（前3个月）。这是胎儿生长发育最快的时期，胎儿各器官、组织的分化和形成大多在这一时期内完成，但胎儿的增重较小。这一阶段对日粮的营养水平要求不高，但需要一定数量的优质蛋白质、矿物质和维生素，以满足胎儿生长发育的营养需要。在放牧条件较差的地区，母羊要补喂一定量的混合精料或干草。

图 2–5　妊娠期母羊

（2）妊娠后期（后2个月）。到妊娠后期，胎儿和母羊自身的增重加快，母羊增重的60%和胎儿储积纯蛋白质的80%均在这一时期内完成。随着胎儿的生长发育，母羊腹腔容积减小，采食量受限，草料容积过大或水分含量过高，均不能满足母羊对于物质的要求，应给母羊补饲一定的混合精料或优质青干草。妊娠后期母羊的热能代谢比空怀期高15%~20%，母羊对蛋白质、矿物质和维生素的需要量明显增加，50公斤体重的成年母羊日需可消化蛋

白质 90~120g、钙 8.8g、磷 4g，钙、磷比例为 2~2.5：1.3。

（3）泌乳期。母羊分娩后，泌乳期的长短和泌乳量的高低，对羔羊的生长发育和健康有重要影响。母羊产后 4~6 周泌乳量达到高峰，维持一段时间后，母羊的泌乳量开始下降。一般而言，山羊的泌乳期较长，尤其是乳用山羊品种。母羊泌乳前期的营养需要高于后期。

综上所述，为了使公母羊保持良好的体况和较旺盛的繁殖力，应根据羊不同的营养需要合理配制和调整日粮，满足其对各种营养物质的需求；饲料种类要多样化，日粮的浓度和体积要符合羊的生理特点，并注意维生素 A、D 及矿物质微量元素铁、锌、锰、钴和硒的补充，使羊保持正常的繁殖机能，减少流产和空怀。

二、羊的饲养标准

羊的饲养标准又叫羊的营养需要量，是绵羊和山羊维持生命活动和从事生产（乳、肉、毛、繁殖等）对能量和各种营养物质的需要量。各种物质的需要，不但数量要充足，而且比例要恰当。饲养标准就是反应绵羊和山羊不同发育阶段、不同生理状态、不同生产方向和水平对能量、蛋白质、矿物质和维生素的需要量。

表 2-1 空怀母羊的饲养标准

月龄	体重 /kg	风干饲料 /kg	消化能 /MJ	可消化粗蛋白 /g	钙 /g	磷 /g	食盐 /g	胡萝卜 /mg
4~6	25~30	1.2	10.9~13.4	70~90	3.4~4.0	2.0~3.0	5~8	5~8
7~8	30~36	1.3	12.6~14.6	72~95	4.0~5.2	2.8~3.2	6~9	6~8
9~10	36~42	1.4	14.6~16.7	73~95	4.5~5.5	3.0~3.5	7~10	6~8
11~12	37~45	1.5	14.6~17.2	75~100	5.2~6.0	3.2~3.6	8~11	7~9
13~18	42~50	1.6	14.6~17.2	75~95	5.5~6.5	3.2~3.6	8~11	7~9

表 2-2　怀孕母羊的饲养标准

	体重 /kg	风干饲料 /kg	消化能 /MJ	可消化粗蛋白 /g	钙 /g	磷 /g	食盐 /g	胡萝卜 /mg
怀孕前期	40	1.6	12.6~15.9	70~80	3.0~4.0	2.0~2.5	8~10	8~10
	50	1.8	14.2~17.6	75~90	3.2~4.5	2.5~3.2	8~10	8~10
	60	2.0	15.9~18.4	80~95	4.0~5.0	3.0~4.0	8~10	8~10
	70	2.2	16.7~19.2	85~100	4.5~5.5	3.8~4.5	8~10	8~10
怀孕后期	40	1.8	15.1~18.8	80~110	6.0~7.0	3.5~4.0	8~10	10~12
	50	2.0	18.4~21.3	90~120	7.0~8.0	4.0~4.5	8~10	10~12
	60	2.2	20.1~21.8	95~130	8.0~9.0	4.0~5.0	9~10	10~12
	70	2.4	21.8~23.4	100~140	8.5~9.5	4.5~5.5	9~10	10~12

表 2-3　哺乳母羊的饲养标准

	体重 /kg	风干饲料 /kg	消化能 /MJ	可消化粗蛋白 /g	钙 /g	磷 /g	食盐 /g	胡萝卜 /mg
单羔保证羊日增重200~250g	40	2.0	18.0~23.4	100~150	7.0~8.0	4.0~5.0	10~12	6~8
	50	2.2	19.2~24.7	110~190	7.5~8.5	4.5~5.5	12~14	8~10
	60	2.4	23.4~25.9	120~200	8.0~9.0	4.6~5.6	13~15	8~12
	70	2.6	24.3~27.2	120~200	8.5~9.5	4.8~5.8	13~15	9~15
单羔保证羊日增重300~400g	40	2.8	21.8~28.5	50~200	8.0~10.0	5.5~6.0	13~15	8~10
	50	3.0	23.4~29.7	180~220	9.0~11.0	6.0~6.5	14~16	9~12
	60	3.0	24.7~31.0	190~230	9.5~11.5	6.0~7.0	15~17	10~13
	70	3.2	25.9~3.5	200~240	10.0~12.5	6.2~7.5	15~17	12~15

表 2-4　育成公羊的饲养标准

月龄	体重 /kg	干饲料 /kg	消化能 /MJ	可消化粗蛋白 /g	钙 /g	磷 /g	食盐 /g	胡萝卜 /mg
4~6	30~40	1.4	14.6~16.7	90~100	4.0~5.0	2.5~3.8	6~12	5~10
7~8	37~42	1.6	16.7~18.1	95~115	5.0~6.3	3.0~4.0	6~12	5~10
9~10	42~48	1.8	16.7~20.9	100~125	5.5~6.5	3.5~4.3	6~12	5~10
11~12	46~53	2.0	20.1~23.0	110~135	6.0~7.0	4.0~4.5	6~12	5~10
13~18	53~70	2.2	20.1~23.4	120~140	6.5~7.2	4.5~5.0	6~12	5~10

表 2–5　公羊的饲养标准

	体重 /kg	风干饲料 /kg	消化能 /MJ	可消化粗蛋白 /g	钙 /g	磷 /g	食盐 /g	胡萝卜 /mg
非配种期	70	1.8~2.1	16.7~20.5	110~140	5.0~6.0	2.5~3.0	10~15	15~20
	80	1.9~2.2	18.0~21.8	120~150	6.0~7.0	3.0~4.0	10~15	15~20
	90	2.0~2.4	19.2~23.0	130~160	7.0~8.0	4.0~5.0	10~15	15~20
	100	2.1~2.5	20.5~25.1	140~170	8.0~9.0	5.0~6.0	10~15	15~20
配种期（配种2~3次）	70	2.2~2.6	23.0~27.2	190~240	9.0~10.0	7.0~7.5	15~20	20~30
	80	2.3~2.7	24.3~29.3	200~250	9.0~11.0	7.5~8.0	15~20	20~30
	90	2.4~2.8	25.9~31.0	210~260	10.0~12.0	8.0~9.0	15~20	20~30
	100	2.5~3.0	26.8~31.8	220~270	11.0~13.0	8.5~9.5	15~20	20~30
配种期（配种4~5次）	70	2.4~2.8	25.9~31.0	260~370	13.0~4.0	9.0~10.0	15~20	30~40
	80	2.6~3.0	28.5~33.5	280~380	14.0~15.0	10.~11.0	15~20	30~40
	90	2.7~3.1	29.7~34.7	290~390	15.0~16.0	11.0~12.0	15~20	30~40
	100	2.8~3.2	31.0~36.0	310~400				

表 2–6　育肥羔羊的饲养标准

月龄	体重 /kg	风干饲料 /kg	消化能 /MJ	可消化粗蛋白 /g	钙 /g	磷 /g	食盐 /g	胡萝卜 /mg
3	25	1.2	10.5~1.6	80~100	1.5~2.0	0.6~1.0	3~5	2~4
4	30	1.4	14.6~16.7	90~150	2.0~3.0	1.0~2.0	4~8	3~5
5	40	1.7	16.7~18.8	90~140	3.0~4.0	2.0~3.0	5~9	4~8
6	45	1.8	18.8~20.9	90~130	4.0~5.0	3.0~4.0	6~9	5~8

表 2–7　成年育肥羔羊的饲养标准

体重 /kg	风干饲料 /kg	消化能 /MJ	可消化粗蛋白 /g	钙 /g	磷 /g	食盐 /g	胡萝卜 /mg
40	1.5	15.9~19.2	90~100	3~4	2.0~2.5	5~10	5~10
50	1.8	16.7~23.0	100~120	4~5	2.5~3.0	5~10	5~10
60	2.0	20.9~27.2	110~130	5~6	2.8~3.5	5~10	5~10
70	2.2	23.0~29.3	120~140	6~7	3.0~4.0	5~10	5~10
80	2.4	27.2~33.5	130~160	7~8	3.5~4.5	5~10	5~10

三、羊饲料的种类

目前在饲养上，人们把饲料分为以下 7 大类。

（1）青饲料　包括水分含量很高的青草、蔬菜、青绿作物的茎叶、青绿幼嫩的树枝叶以及水生植物等。一般陆生青饲料每公斤鲜重的消化能在 1.26~2.51MJ；粗蛋白质含量，禾本科牧草在 1.5%~3%，豆科草在 3.2%~4.4%。陆生青饲料是维生素营养的优良来源，但缺乏维生素 D。

（2）青贮饲料　包括玉米青贮、草青贮及复合青贮。

（3）粗饲料　指粗纤维含量在 18% 以上，每公斤干物质的消化能

图 2-6　青贮饲料

不超过 10.46MJ 的饲料，包括干草、秸秆和秕壳等。其有机物质消化率在 65% 以上。

（4）能量饲料　主要指含粗纤维在 18% 以下，且每公斤干物质的消化能在 10.46MJ 以上的饲料，包括玉米、小麦、大麦、燕麦、荞麦、稻

谷等谷类籽实及其加工副产品，以及胡萝卜、甜菜和马铃薯等块根块茎及其加工副产品。

（5）蛋白质饲料或蛋白质补充料　指粗蛋白质含量超过 20% 的饲料。豆类与油料作物籽实及其加工副产品具有能量饲料的特性，但因其富含蛋白质，即其干物质中粗蛋白质的含量均超过 20% 的界限，对于配组家畜日粮的营养来讲很重要，所以特将它们归属于蛋白质补充料一类中去。属于此类饲料的还有血粉、骨粉、鱼粉等动物性饲料，以及一些微生物和酵母等单细孢蛋白质饲料。

（6）矿物质饲料　事实上，矿物质饲料应当把补充钠、氯为主的食盐和钙、磷及含镁、钾、硫等常量矿物质，以及含碘、钴、铜、锰、锌、铁、钼、硒等微量元素在内的矿物质都包括在内。但由于有的元素无须补充或无须直接补充，有的元素只需少量复合添入饲料中，故在饲料的分类上，仅把食盐及含钙、磷的含量稍大的矿物质列入矿物质饲料之中。把其他矿物质一律列入添加剂一类。

（7）饲料添加剂　是指在配合饲料中加入的各种微量成分。包括合成氨基酸、维生素制剂、矿物质微量元素、生长促进剂、抗生素、酶制剂和激素、驱虫保健药物、抗氧化物质和防霉剂等。

目前，列入添加剂的维生素有 A、D、E、K、硫胺素、核黄素、吡哆醇、B_{12}、氯化胆碱、烟酸、泛酸钙、叶酸及生物素等。微量元素添加剂包括以下各类：铜盐有碳酸铜（53%）、硫酸铜（25.5%）、氧化铜（80%）；钴盐有碳酸钴（49.4%）、硫酸钴（24.8%）、氧化钴（73.4%）；锰盐有碳酸锰（47.8%）、硫酸锰（32.5%）、氧化锰（77.4%）；锌盐有碳酸锌（52.1%）、硫酸锌（22.7%）、氧化锌（80.3%）；铁盐有碳酸铁（41.7%）、硫酸铁（20.1% 或 36.7%）、氧化铁（69.9%）；碘盐有碘化钾（76.4%）、碘酸钙（60%）。

四、羊混合饲料的加工调制

试验研究与生产实践证明，对饲料进行加工调制，可明显改善适口性，利于咀嚼，提高消化率和吸收率，提高生产性能，便于贮藏和运输。混合饲料的加工调制包括青绿饲料的加工调制、粗饲料的加工调制和能量饲料的加工调制。

（一）青绿饲料的加工调制

青绿饲料含水分高，宜现采现喂，不宜贮藏运输，必须制成青干草或干草粉才能长期保存。干草的营养价值取决于制作原料的种类、生长阶段和调制技术。一般豆科干草含较多的粗蛋白，有效能值在豆科、禾本科和禾谷类作物干草间无显著差别。在调制过程中，时间越短养分损失越小。在干燥条件下晒制的干草，养分损失通常不超过 20%；在阴雨季节制的干草，养分损失可达 15% 以上，大部分为可溶性养分和维生素损失。人工调制的干草，养分损失仅 5%~10%，所含胡萝卜素多，为晒制的 3~5 倍。

图 2-7　青绿饲料的加工调制

调制干草的方法一般有两种：地面晒干和人工干燥。人工干燥法又有高温和低温两法。低温法是在 45~50 ℃温度下室内停放数小时，使青草干燥。高温法是在 50~100 ℃的热空气中脱水干燥 6~10 秒钟，即可干燥完毕。一般温度不超过 100 ℃，几乎能保存青草的全部营养价值。

（二）粗饲料的加工调制

粗饲料质地坚硬，含纤维素多，其中木质素比例大，适口性差，利用率低，通过加工调制可使这些性状得到改善。

1. 物理处理　就是利用机械、水、热力等物理作用，改变粗饲料的物理性状，提高利用率。具体方法有切短、浸泡、蒸煮、热喷。切短，使之有利于羊咀嚼，且容易与其他饲料配合使用。浸泡，即在 100 千克温水中加入 5 千克食盐，将切短的秸秆分批在桶中浸泡，24 小时后取出，软化秸秆，提高秸秆的适口性，便于采食。蒸煮，将切短的秸秆于锅内蒸煮 1 小时，闷 2~3 小时即可。这样可软化纤维素，增加适口性。热喷，将秸秆、荚壳等粗饲料置于饲料热喷机内，用高温、高压蒸气处理 1~5 分钟后，立即放在常压下使之膨化。热喷后的粗饲料结构疏松，适口性好。羊的采食量和消化率均能提高。

2. 化学处理　用酸、碱等化学试剂处理秸秆等粗饲料，分解其中难以消化的部分，以提高秸秆的营养价值。

（1）氢氧化钠处理　氢氧化钠可使秸秆结构疏松，并可溶解部分难消化物质，进而提高秸秆中有机物质的消化率。最简单的方法是将 2% 的氢氧化钠溶液均匀喷洒在秸秆上，放置 24 小时即可。

（2）石灰液钙化处理　石灰液具有同氢氧化钠类似的作用，而且可以补充钙质，更主要的是该方法简便，成本低。方法是每 100 千克秸秆用 1 千克石灰，1~1.5 千克食盐，加 200~250 千克水搅匀配好，把切碎的秸秆浸泡 5~10 分钟，然后捞出放在浸泡池的垫板上，熟化 24~36 小时后

即可饲喂。

图 2-8　粗的饲料化学处理

（3）碱酸处理　把切碎的秸秆放入 1% 的氢氧化钠溶液中，浸泡好后捞出压实，过 12~24 小时再放入 3% 的盐酸中浸泡。捞出后把溶液排放即可饲喂。

（4）氨化处理　用氨或氨类化合物处理秸秆等粗饲料，可软化植物纤维，提高粗纤维的消化率，增加粗饲料中的含氮量，改善粗饲料的营养价值。

3. 微生物处理　利用微生物产生纤维素酶分解纤维素，以提高粗饲料的消化率。比较成功的方法有以下几种：

（1）EM 处理法　EM 是“有效微生物”（effective microorganisms）的英文缩写，是由光合细菌、放线菌、酵母菌、乳酸菌等 10 个属 80 多种微生物复合培养而成。处理要点如下：

①秸秆粉碎　可先将秸秆用铡草机铡短，然后在粉碎机内粉碎成粗粉。

②配制菌液　取 EM 原液 2000 毫升，加糖蜜或红糖 2 千克，净水 320 千克，在常温下充分混合均匀。

③菌液拌料　将配置好的菌液喷洒在 1 吨粉碎好的粗饲料上，充分搅拌均匀。

④厌氧发酵　将混拌好的饲料一层层地装入发酵窖（池）内，随装随踩实。当料装至高出窖口 30~40 厘米时，上面覆盖塑料薄膜，再盖 20~30 厘米厚的细土，拍打严实，防止透气。少量发酵也可用塑料袋，其关键是压实，创造厌氧环境。

⑤开窖喂用　封窖后夏季 5~10 天，冬季 20~30 天即可开窖喂用。开窖时要从一端开始，由上至下一层层喂用。窖口要封盖，防止阳光直射、泥土污物混入和杂菌污染。优质的发酵料具有苹果香味，酸甜兼具，经过适当驯食后，羊即可正常采食。

（2）秸秆微贮法　新疆海星牌发酵活杆菌是由木质纤维分解菌和有机酸发酵菌通过生物工程技术制备的高效复合杆菌剂，用来处理作物秸秆等粗饲料，效果较好。制作方法如下：

①秸秆粉碎　将麦秸、稻草、玉米秸等粗饲料用铡草机切碎或粉碎机粉碎。

②菌种复活　秸秆发酵活杆菌菌种每袋 3 克，可调制干秸秆 1 吨或青秸秆 2 吨。在处理前，先将菌种倒入 200 毫升温水中充分溶解，然后在常温下放置 1~2 小时后使用，当日用完。

③菌液配制　以每吨麦秸或稻草，需要活菌制剂 3 克，食盐 9~12 千克（用玉米秸可将食盐降至 6~8 千克），水 1200~1400 千克的比例配置菌液，充分混合。

④秸秆入窖　分层铺放粉碎的秸秆，每层 20~30 厘米厚，喷洒菌液，使物料含水率 60%~70%，喷洒后踏实，然后再铺第二层，一直高出窖口

40 厘米时再封口。

⑤封口　将最上面的秸秆压实，均匀撒上食盐，用量为每平方米 250 克，以防止上面的物料霉烂，最后盖塑料薄膜，往膜上铺 20~30 厘米的麦秸或稻草，最后覆土 15~20 厘米，密封，进行厌氧发酵。

⑥开窖和使用　封窖 21~30 天后即可喂用。发酵好的秸秆应具有醇香或果香酸甜味，手感松散，质地柔软湿润。取用时应先将上层泥土轻轻取下，从一端开窖，一层层取用。取后将窖口封严，防止雨水浸湿和掉进泥土。开始饲喂时，羊可能不习惯，有 7~10 天的适应期。

五、羊日粮配合

（一）日粮配合的意义

传统养羊多以单一饲料或简单几种饲料混合喂羊，不能满足羊的营养需要，饲料营养不均衡，因此影响羊的生产性能。因为任何一种饲料都不可能满足羊不同生理阶段对各种营养物质的需要，而只有多种不同营养特点的饲料相互搭配，取长补短，才能满足羊的营养需要，克服单一饲料营养不全面的缺陷。

配合饲料就是根据不同品种、生理阶段、生产目的和生产水平等对营养的需要和各种饲料的有效成分含量把多种饲料按照科学配方配制而成的全价饲料。用配合饲料喂羊，能最大限度地发挥羊的生产潜力，提高饲料利用率，降低成本，提高效率。需要指出的是，虽然羊的全价饲料具有营养需要量和饲料营养价值表的科学依据，但是这两方面都在不断研究和完善过程中。因此，应用现有的资料配制的全价饲料应通过实践检验，根据实际饲养效果因地制宜地做些修正。

（二）日粮配合的一般原则

1. 因羊制宜　要根据羊的不同品种、性别、生理阶段参照营养标准及饲料成分表进行配制，不可照搬饲养标准，也不可千篇一律让所有的羊都吃一种料。比如，较耐粗饲的塞北羊、比利时羊和太行山（虎皮黄）羊的饲料配方应与对营养要求较高的新西兰羊、布列塔厄亚羊等有所区别。仔羊（补料）、幼羊和母羊空怀期、妊娠期及泌乳期等阶段的饲料应有所区别。同一品种和同一生产阶段，不同生产性能的羊的饲料也应有所不同。

2. 因时制宜　设计配方要根据季节和天气情况而灵活掌握。在农村，夏秋季节青饲料可以供应，只要设计精料补充料即可；而在冬春季节，青饲料缺乏，在配方设计时，应增补维生素，并适当补喂多汁饲料。在多雨季节应适当增加干料，在季节交替时饲料应逐渐过渡。

3. 适口性　一组营养较全面而适口性不佳的饲料，不能说是好饲料。因适口性的好坏直接影响羊的采食量的多少。适口性好的饲料羊爱吃，就可提高饲养效果；如果适口性不好，即使饲料的营养价值很高，也会降低其饲养效果。因此，在设计配方时，应熟悉羊的嗜好，选用合适的饲料原料。一般而言，羊喜吃味甜、微酸、微辣、多汁、香脆的植物性饲料；不爱吃有腥味、干粉状和有其他异味（如霉味）的饲料。

4. 多样性　即“花草花料”，防止单一。羊对营养的需求是多方面的，任何一种饲料都不可能满足羊的需要。应该尽量选用多种饲料合理搭配，以实现营养的互补，一般不应少于 3 种。

5. 廉价性　选择饲料种类，要立足当地资源。在保证营养全价的前提下，尽量选择那些当地产品、数量大、来源广、容易获得、成本低的饲料种类。要特别注意开发当地的饲料资源，如农副产品下脚料（酒糟、醋糟、粉渣等）。

6. 安全性　选择任何饲料，都应对羊无毒无害，符合安全性的原则。在此强调，青饲料及果树叶，要防止农药污染；有毒饼类（如棉饼、菜籽饼等）要脱毒处理，在无脱毒或脱毒不彻底的情况下，要限量使用；块根块茎类饲料应无腐烂；其他精料如玉米、麸皮等应避免受潮发霉；选用药渣如土霉素渣、四环素渣，洁霉素渣等要保证质量并限量使用，一般在育肥后期停用。

第三章　羊的饲养管理

了解羊的生物学特性是搞好羊的饲养管理的基础，这在前面已经介绍过了。绵羊和山羊属于同科但不同属的两个物种。在生物学特性上，它们既有许多共同点，也存在着一定的差异。科学的饲养管理对养羊生产实现优质高效和促进养羊业的发展具有重要意义。

图 3-1　羊的饲养管理

一、羊饲养管理的一般原则

（一）青粗饲料为主，精饲料为辅

羊属草食性反刍动物，应以饲喂青粗饲料为主，根据不同季节和生长阶段，将营养不足的部分用精饲料补充。实践证明，羊的食性很广，能采食乔灌木枝叶及多种植物，也能采食各种农副产品及青贮饲料。对于这样广阔的饲料来源，应该充分利用，有条件的地方尽量采取放牧、青刈等形式来满足其对营养物质的需要，而在枯草期或生绒旺期可用精饲料加以补充。这样既能广泛利用粗饲料，又能科学地满足其营养需要。配合饲料时应以当地的青绿多汁饲料和粗饲料为主，尽量利用本地价格低、数量多、来源广、供应稳定的各种饲料。这样既符合羊的消化生理特点，又能利用植物性粗饲料，从而达到降低饲料成本、提高经济效益的目的。

（二）合理搭配饲料，力求多样化，保证营养的全价性

为了提高羊的生产性能，应依据本场羊的种类、年龄、性别、生物学不同时期和饲料来源、种类、贮备量、质量以及羊的管理条件等，科学合理地搭配饲料，以满足绒羊对营养物质的需要。饲料多样化可保证日粮的全价性，提高机体对营养物的利用效率，是提高羊绒产量的必备条件。同时，饲料的多样化和全价性能提高饲料的适口性，增强羊的食欲，促进其消化液的分泌，提高饲料利用效率。

（三）坚持饲喂的规律性

羊人工养殖条件下，其采食、饮水、反刍、休息都有一定的规律性。每日定时、定量、有顺序地饲喂精、粗饲料。投喂要有先后顺序，使羊建立稳固的条件反射，有规律地分泌消化液，促进饲料的消化吸收。现羊场多实行每昼夜饲喂三次，自由饮水终日不断的饲喂方式。先投粗饲料，吃完后再投精料。对放牧饲养的羊群，应在归牧后补饲精饲料。在饲养过程中，严格遵守饲喂的时间、顺序和次数，就会给羊形成良好的进食规律，减少其疾病的发生，提高生产力。

图 3-2　羊在采食

（四）保持饲料品质、饲料量及饲料种类的相对稳定

养羊生产具有明显的季节性，季节不同，羊所采食的饲料种类也不同。因此，饲养中要随季节变更饲料。羊对采食的饲料具有一种习惯性。瘤胃中的微生物对采食的饲料也有一定的选择性和适应性。饲料组成发生骤变，不仅会降低羊的采食量和消化率，而且还会影响瘤胃中微生物的正常生长和繁殖，进而使羊的消化机能紊乱和营养失调，因此，饲料的增、减、变换应有一个相适应的渐进过程。这里必须强调的是精料量的增加一定要逐渐进行，谨防加料过急，引起羊消化障碍，使羊在以后的很长时间里吃不进精料，即所谓“顶料”。为防止顶料，在增加饲料时最好每四五天加料一次。减料可以适当加大幅度。

（五）充分供应饮水

水对饲料的消化吸收，机体内营养物质的运输和代谢，整个机体生理调节均有重要作用。羊在采食后，饮水量大而且次数多，因此，每日应供给羊只足够的清洁饮水。夏季高温时要加大供水量，冬季以

饮温水为宜。要注意水质清洁卫生，经常刷洗和消毒水槽，以防各种疾病的发生。

（六）合理布局与分群管理

应根据羊场规模与圈舍条件、羊的性别与年龄等进行科学合理布局和分群。一般在生产区内公羊舍占上风向，母羊舍占下风向，幼羊居中。根据羊的种类、性别、年龄、健康状况、采食速度等进行合理的分群，能够避免混养时强欺弱、大欺小、健欺残的现象，使不同的羊只均得到正常的生长发育、生产性能发挥和有利于弱病羊只体况的恢复。一般要求羊群在野外能听从放牧员的指挥，不逃离群，并能自动归场。

二、类羊的饲养管理

（一）种公羊的饲养

种公羊是发展养羊生产的重要生产资料，对羊群的生产水平、产品品质都有重要的影响。在现代养羊业中，人工授精技术得到广泛的应用，需要的种公羊不多，因而对种公羊品质的要求越来越高。养好种公羊是使其优良遗传特性得以充分表现的关键。种公羊应常年保持结实健壮的体质，达到中等以上的种用体况，并具有旺盛的性欲和良好的配种能力，精液品质好。要达到这样的目的，必须做到：

图 3–3　种公羊

第一，应保证饲料的多样性，精粗饲料合理配搭，尽可能保证青绿多汁饲料全年较均衡地供给。在枯草期较长的地区，要准备较充足的青贮饲料。同时，要注意矿物质、维生素的补充。

第二，日粮应保持较高的能量和粗蛋白水平，即使在非配种期内，种公羊也不能单一饲喂粗料或青绿多汁饲料，必须补饲一定的混合精料。

第三，种公羊必须有适度的放牧和运动时间，这一点对非配种期种公羊的饲养尤为重要，以免因过肥而影响配种能力。

1. 非配种期的饲养　种公羊在非配种期虽然没有配种任务，但仍不能忽视其饲养管理工作。种公羊在非配种期的饲养以恢复和保持其良好的种用体况为目的。配种结束后，种公羊的体况都有不同程度的下降，为使体况很快恢复，在配种刚结束的1个月内，种公羊的日粮应与配种期基本一致，但对日粮的组成可作适当调整，增加优质青干草或青绿多汁饲料的比例，并根据体况的恢复情况逐渐转为饲喂非配种期的日粮。在我国北方地区，羊的繁殖季节很明显，大多集中在9~11月（秋季），非配种期较长。在冬季，种公羊的饲养要保持较高的营养水平，既有利于体况恢复，又能保证其安全越冬度春。做到精粗料合理搭配，补喂适量青绿多汁饲料（或青贮料），在精料中应补充一定的矿物质微量元素。混合精料的用量不低于0.5公斤，优质干草2~3公斤。种公羊在春、夏季以放牧为主，每日补喂少量的混合精料和干草。在我国南方大部分低山地区，气候比较温和，雨量充沛，牧草的生长期长，枯草期短，加之农副产品丰富，羊的繁殖季节可表现为春、秋两季，部分母羊可全年发情配种，因此，对种公羊全年均衡饲养尤为重要。除搞好放牧、运动外，每天应补饲0.5~1.0公斤混合精料和一定量的优质干草。

2. 配种期的饲养　种公羊在配种期内要消耗大量的养分和体力，因配种任务或采精次数不同，个体之间对营养的需要量相差很大。对配种

图 3-4　种公羊

任务繁重的优秀种公羊，每天应补饲 1.5~3 公斤的混合精料，并在日粮中增加部分动物性蛋白质饲料（如蚕蛹粉、鱼粉、血粉、肉骨粉、鸡蛋等），以保持其良好的精液品质。配种期种公羊的饲养管理要做到认真、细致，要经常观察羊的采食、饮水、运动及粪、尿排泄等情况。保持饲料、饮水的清洁卫生，如有剩料应及时清除，减少饲料的污染和浪费。青草或干草要放入草架饲喂。在南方省、区，夏季高温、潮湿，对种公羊不利，会造成精液品质下降。种公羊的放牧应选择高燥、凉爽的草场，尽可能充分利用早、晚进行放牧，中午将种公羊赶回圈内休息。种公羊舍要通风良好。如有可能，种公羊舍应修成带漏缝地板的双层式楼圈或在羊舍中铺设羊床。在配种前 1.5~2 个月，逐渐调整种公羊的日粮，增加混合精料的比例，同时进行采精训练和精液品质检查。开始时每周采精检查一次，以后增至每周两次，并根据种公羊的体况和精液品质来调节日粮或增加运动。对精液稀薄的种公羊，应增加日粮中蛋白质饲料的比例；当精子活力差时，应加强种公羊的放牧和运动。种公羊的采精次数要根据羊的年龄、体况和种用价值来确定。对 1.5 岁左右的种公羊，每天采精 1~2 次为宜，不要连续采精；成年种公羊每天可采精 3~4 次，有时可达 5~6 次，每次采精应有 1~2 小时左右的间隔时间。特殊情况下（种公羊少而发情母羊多），成年公羊可连续采精 2~3 次。采精较频繁时，也应保证种公羊每周有 1~2 天的休

息时间，以免因过度消耗养分和体力而造成体况明显下降。

（二）繁殖母羊的饲养

母羊是羊群发展的基础。母羊数量多，个体差异大。为保证母羊正常发情、受胎，实现多胎、多产，羔羊全活、全壮，母羊的饲养不仅要从群体营养状况来合理调整日粮，对少数体况较差的母羊应单独组群饲养。对妊娠母羊和带仔母羊，要着重搞好妊娠后期和哺乳前期的饲养和管理。

1. 空怀和妊娠前期的饲养 羊的配种繁殖因地区及气候条件的不同而有很大的差异。北方牧区，羊的配种集中在 9~11 月份。母羊经过春夏两季放牧饲养，体况恢复较好。对体况较差的母羊，可在配种开始前 1~1.5 个月放到牧草生长良好的草场进行抓膘。对少数体况很差的母羊，每天可单独补喂 0.3~0.5 公斤混合精料，使其在配种期内正常发情、受胎。南方地区，母羊的发情相对集中在晚春和秋季（4~5 月份，9~11 月份）或四季均可发情。为保持母羊良好的配种体况，应尽可能做到全年均衡饲养，尤其应搞好母羊的冬春补饲。据多年的观察，四川省凉山州中高山（海拔 180~2000 米）的羊场饲养的绵羊，在体况较好时，每年 4 月中下旬开始出现发情，5 月中下旬达到发情高峰期，所产羔羊初生体重大、成活率高、生长发育快，到 10 月龄时平均体重达 36 公斤以上，部分母羔可发情配种。母羊配种受胎后的前 3 个月内，对能量、粗蛋白的要求与空怀期相似，但应补喂一定的优质蛋白质饲料，以满足胎儿生长发育和组织器官分化对营养物质（尤其是蛋白质）的需要。初配母羊的营养水平应略高于成年母羊，日粮的精料比例为 5%~10%。

2. 妊娠后期的饲养 妊娠后期，胎儿的增重明显加快，母羊自身也需贮备大量的养分，为产后泌乳做准备。妊娠后期，母羊腹腔容积有限，对饲料干物质的采食量相对减小，饲料体积过大或水分含量过高

均不能满足母羊的营养需要。因此，要搞好妊娠后期母羊的饲养，除提高日粮的营养水平外，还必须考虑组成日粮的饲料种类，增加精料的比例。在妊娠前期的基础上，能量和可消化蛋白质分别提高 20%~30% 和 40%~60%，钙、磷增加 1~2 倍（钙、磷比例为 2~2.5∶1）。产前 8 周，日粮的精料比例提高到 20%，产前 6 周为 25%~30%，而在产前 1 周要适当减少精料用量，以免胎儿体重过大而造成难产。妊娠后期母羊的管理要细心、周到，在进出圈舍及放牧时，要控制羊群，避免拥挤或急驱猛赶；补饲、饮水时要防止拥挤和滑倒，否则易造成母羊流产。除遇暴风雪天气外，母羊的补饲和饮水均可在运动场内进行，增加母羊户外活动的时间，干草或鲜草用草架投喂。产前 1 周左右，夜间应将母羊放于待产圈中饲养和护理。

3. 哺乳前期的饲养　母羊产羔后泌乳量逐渐上升，在 10 周内达到泌乳高峰，10 周后逐渐下降（乳用品种可维持更长的时间）。随着泌乳量的增加，母羊需要的养分也应增加，当草料所提供的养分不能满足其需要时，母羊会大量动用体内贮备的养分来弥补。泌乳性能好的母羊往往

图 3–5　母羊和羊羔

比较瘦弱，这是一个重要原因。在哺乳前期（羔羊出生后 2 个月内），母乳是羔羊获取营养的主要来源。为满足羔羊生长发育对养分的需要，保持母羊的高泌乳量是关键。在加强母羊放牧的前提下，应根据带羔的多少和泌乳量的高低，搞好母羊补饲。给带单羔的母羊每天补喂混合精料 0.3~0.5 公斤；给带双羔或多羔的母羊每天补饲 0.5~1.5 公斤。对体况较好的母羊，产后 1~3 天内可不补喂精料，以免造成消化不良或发生乳房炎。为调节母羊的消化机能，促进恶露排出，可喂少量轻泻性饲料（如在温水中加入少量麦麸喂羊）。3 日后逐渐增加精饲料的用量，同时给母羊饲喂一些优质青干草和青绿多汁饲料，可促进母羊的泌乳机能。

4. 哺乳后期的饲养　哺乳后期母羊的泌乳量下降，即使加强母羊的补饲，也不能继续维持其高的泌乳量，单靠母乳已不能满足羔羊的营养需要。此时羔羊已具备一定的采食和利用植物性饲料的能力，对母乳的依赖程度减小。在泌乳后期应逐渐减少对母羊的补饲，羔羊断奶后母羊可完全采用放牧饲养，但对体况下降明显的瘦弱母羊，需补喂一定的干草和青贮饲料，使母羊在下一个配种期到来时能保持良好的体况。

（三）羔羊的饲养管理

哺乳期的羔羊生长发育强度最大而又最难饲养，稍有不慎不仅会影响羊的发育和体质，还会造成羔羊发病率和死亡率增加，给养羊生产造成重大损失。羔羊在哺乳前期主要依赖母乳获取营养，母乳充足时羔羊发育好、增重快、健康活泼。母乳可分为初乳和常乳，母羊产后第一周内分泌的乳叫初乳，以后的则为常乳。初乳浓度大，养分含量高，尤其含有大量的抗体球蛋白和丰富的矿物质元素，可增强羔羊的抗病力，促进胎粪排泄。应保证羔羊在产后 15~30 分钟内吃到初乳。羔羊的早期诱食和补饲是羔羊培育的一项重要工作。羔羊出生后 7~10 天在跟随母羊放牧或采食饲料时，会模仿母羊的行为采食一定的草料。此时，可将大豆、蚕豆、豌豆等炒熟，粉碎后撒于饲槽内对羔羊进行诱食。初期，每只羔羊每天喂 10~50 克即可，待羔羊习惯以后逐渐增加补喂量。羔羊补饲应单独进行，当羔羊的采食量达到 100 克左右时，可用含粗蛋白 24% 左右的混合精料进行补饲。到哺乳后期，羔羊在白天可单独组群，划出专用草场放牧，结合补饲混合精料；优质青干草可投放在草架上任其自由采食，选用禾本科和豆科青干草为好。

图 3–6　羔羊的饲养管理

羔羊的补饲应注意以下几个问题：①尽可能提早补饲；②当羔羊习惯采食饲料后，所用的饲料要多样化、营养好、易消化；③饲喂时要做到少喂勤添；④要做到定时、定量、定点；⑤保证饲槽和饮水的清洁、卫生。

要加强羔羊的管理，适时去角（山羊）、断尾（绵羊）、去势，搞好防疫注射。羔羊出生时要进行称重；7~15 天内进行编号、去角或断尾；2 月龄左右对不符合种用要求的公羔进行去势。生后 7 天以上的羔羊可随母羊就近放牧，增加户外活动的时间。对少数因母羊死亡或缺奶而表现

瘦弱的羔羊，要搞好人工哺乳或寄养工作。羔羊一般采用一次性断奶。断奶时间要根据羔羊的月龄、体重、补饲条件和生产需要等因素综合考虑。在国外工厂化肥羔生产中，羔羊的断奶时间通常为4周龄；国内常4月龄断奶。对早期断奶的羔羊，必须提供符合其消化特点和营养需要的代乳饲料，否则会造成巨大损失。羔羊断奶时的体重对断奶后的生长发育有一定影响。根据实践经验，半细毛改良羊公羔体重达15公斤以上，母羔达12公斤以上，山羊羔体重达9公斤以上时断奶比较适宜。体重过小的羔羊断奶后，生长发育明显受阻。如果受生产条件的限制，部分羔羊需提早断奶时，必须单独组群，加强补饲，以保证羔羊生长发育的营养需要。

羔羊时期发生最多的疾病是“三炎一痢”，即肺炎、肠胃炎、脐带炎和羔羊痢。要减少羔羊发病死亡提高羔羊的成活率，应注意做到：

（1）尽早吃好吃饱初乳　当母羊舔干黏液，羔羊能站立时，就应人工辅助使羔羊吃到初乳。初乳和常乳相比有许多优点：初乳具有较高的酸度，能有效刺激胃肠黏膜产生消化液和抑制肠道细菌活动；初乳中含有Y-球蛋白和溶菌酶较多，还含有一种K抗原凝集素，能抵抗特殊品系的大肠杆菌；初乳比常乳的矿物质和脂肪含量高一倍，维生素含量高10~20倍;初乳中所含钙盐和镁盐较多,镁盐有轻泻作用,能促使胎粪排出。

（2）加强对缺乳羔羊的补饲　无母羊的羊羔应尽早找保姆羊。对缺乳羔羊进行牛乳或人工乳补饲时，要掌握好温度、时间、喂量和卫生。初生羔羊不能喂玉米糊或小米粥。

（3）搞好圈舍卫生　羔羊舍应宽敞，干燥卫生，温度适中，通风良好。羔痢的发生多在产羔10日后，原因就在于此时的棚圈污染程度加重。此时应认真做好脐带消毒，哺乳和清洁用具的消毒，严重病羔要隔离，死羔和胎衣要集中处理。

（4）安排好吃乳和放牧时间　若母子分群放牧，应合理安排母羊放牧时间，使羔羊吃乳的时间均匀一致。初生羔饲养 5~7 天后可以将羔羊赶到日光充足的地方自由活动，3 周后可随母羊放牧，开始走近些，选择平坦、背风向阳、牧草好的地方放牧。30 日龄后，羔羊可编群游牧，注意不要去低湿、松软的牧地放牧。放牧时，注意从小就训练羔羊听从口令。

（5）杜绝人为事故发生　若管理人员缺乏经验，责任心不强，则易发生放牧丢失、看护不周等事故。

（6）适时断乳　断乳应逐渐进行，一般经过 7~10 天完成。开始断乳时，每天早晚仅让羔羊吃乳两次，以后一次，逐渐断乳。断乳时间在 3~4 月龄，断乳羔羊应按性别、大小分群饲养。

为使初生羔羊少受冻，可将麸皮撒在羔羊体上，这样可使母羊加快舔干净，特别是具有黄色黏稠胎脂的羔羊更应如此。

对停止呼吸活动的假死羔羊，可提起后肢，用手拍打胸部两侧，同时对鼻孔吹气，可望解救假死羔羊。母羊识别亲生羔羊主要靠嗅闻气味，当母羊亲生羔已死而要寄养它羔时，只要将寄养的羔羊混有亲生羔羊气味就可达到目的。

羔羊是否吃饱，可用手摸腹腔胃容积大小而定。若羔羊频繁哺乳，边吸乳边顶撞乳房，且伴有叫唤，表明母羊可能缺乳。

羊舍温度以 5℃左右为宜。舍温合适不合适，可根据母子表现来判断：若羔羊卧在母体上，表明室温低；母子相卧距离很远，表明舍温过高。

哺乳前期不能给羔羊喂大量的粗饲料，羔羊舍应常有青干草、粉碎饲料和盐砖，让其自由采食，并保证充足饮水。因此，只要对羔羊认真做到早喂初乳，早期补饲，生后 7~10 天开始喂青干草和饮水，10~20 天喂精料，早断乳，及时查食欲、查精神、查粪便，就能提高羔羊成活率，降低羔羊死亡率。

（四）育成羊的饲养管理

育成羊是指断奶后至第一次配种前这一阶段的幼龄羊。羔羊断奶后的前 3~4 个月生长发育快，增重强度大，对饲养条件要求较高。通常，

图 3–7 育成羊的饲养

公羔的生长比母羔快，因此育成羊应按性别、体重分别组群和饲养。8 月龄后羊的生长发育强度逐渐下降，到 1.5 岁时生长基本结束，因此在生产中一般将羊的育成期分为两个阶段，即育成前期（4~8 月龄）和育成后期（8~18 月龄）。育成前期，尤其刚断奶不久的羔羊，生长发育快，瘤胃容积有限且机能不完善，对粗料的利用能力较弱。这一阶段是影响羊的体格、体型和成年后的生产性能的重要阶段，必须高度重视，否则会给整个羊群的品质带来不可弥补的损失。育成前期，羊的日粮应以精料为主，结合放牧或补喂优质青干草和青绿多汁饲料，日粮的粗纤维含量以 15%~20% 为宜。育成后期，羊的瘤胃消化机能基本完善，可以采食大量的牧草和农作物秸秆。这一阶段，育成羊可以以放牧为主，结合补饲少量的混合精料或优质青干草。粗劣的秸秆不宜用来饲喂育成羊，即使要用，

在日粮中的比例为 20%~50%，使用前还应进行合理的加工调制。

（五）肉用羊的饲养管理

肉羊的育肥是在较短的时期内采用不同的育肥方法，使肉羊达到体壮膘肥适于屠宰的程度。根据肉用羊的年龄，分为羔羊育肥和成年羊育肥。羔羊育肥是指 1 周岁以内没有换永久齿幼龄羊的育肥；成年羊育肥是指成年羯羊和淘汰老弱母羊的育肥。

1. 绵羊和山羊的育肥 我国绵羊、山羊的育肥方法有放牧育肥、舍饲育肥和半放牧半舍饲育肥三种形式。

（1）放牧育肥 放牧育肥是我国常用的最经济的肉羊育肥方法。通过放牧让肉羊充分采食各种牧草和灌木枝叶，以较少的人力物力获得较高的增重效果。放牧育肥的技术要点是：

图 3-8 放牧育肥

①选育放牧草场，分区合理利用 根据羊的种类和数量，选择适宜的放牧地。育肥绵羊宜选择地势较平坦、以禾本科牧草和杂类草为主的放牧地；而育肥山羊宜选择灌木丛较多的山地草场。充分利用夏秋季天然草场牧草和灌木枝叶生长茂盛、营养丰富的时期搞好放牧育肥。放牧地较宽敞的，应按地形划分成若干小区实行分区轮牧，每个小区放牧 2~3 天后再移到另一个小区放牧，使羊群能经常吃到鲜绿的牧草和枝叶，同

时也使牧草和灌木有再生的机会，有利于提高产草量和利用率。

②加强放牧管理，提高育肥效果　放牧育肥的肉羊要尽量延长每日放牧的时间。夏秋时期气温较高，要做到早出牧晚收牧，每天至少放牧12小时以上，甚至可以采用夜间放牧，让肉羊充分采食，加快增重长膘。在放牧过程中要尽量减少驱赶羊群，使羊能安静采食，减少体能消耗。中午阳光强烈气温过高时，可将羊群驱赶到背阴处休息。

③适当补饲，加快育肥　在雨水较多的夏秋季，牧草含水分较多，干物质含量相对较少，单纯依靠放牧，有时不能完全满足快速增重的要求。因此，为了提高育肥效果，缩短育肥时期，增加出栏体重，在育肥后期可适当补饲精料，每天每只羊补饲混合精料0.2~0.3公斤，补饲期约1个月，育肥效果可以明显提高。

（2）舍饲育肥　舍饲育肥就是以育肥饲料在羊舍饲喂肉羊。其优点是增重快，肉质好，经济效益高，适用于缺少放牧草场的地区和工厂化专业肉羊生产使用。舍饲育肥的羊舍可以建造成简易的半敞式羊舍，或利用旧房改造，并备有草架和饲槽。舍饲育肥的关键是合理配制与利用育肥饲料。育肥饲料由青粗饲料、农副业加工副产品和各种精料组成，如干草、青草、树叶、作物秸秆，各种糠、糟、油饼、食品加工糟渣等。育肥时期2~3个月。初期青粗饲料占日粮的60%~70%，精料占30%~40%，后期精料可加大到60%~70%。为了提高饲料的消化率和利用率，秸秆饲料可进行氨化处理，粮食籽粒要粉碎，有条件的可加工成颗粒饲料。青粗饲料要任羊自由采食，混合精料可分为上、下午两次补饲。舍饲育肥期的长短要因羊而异，羔羊断奶后经过60~100天体重达到30~40公斤即可出栏屠宰。成年羊经过40~60天短期舍饲育肥出栏。肥育时间过短，增重效果不明显；时间过长，到后期肉羊体内积蓄过多的脂肪，不适合市场要求，饲料报酬不高。育肥饲料中要保持一定数量的蛋

白质营养。蛋白质不足，肉羊体内瘦肉比例会减少，脂肪的比例会增加。为了补充饲料中的蛋白质，或弥补蛋白质饲料的缺乏，可以补饲尿素。补饲尿素的数量只能占饲料干物质总量的2%，不能过多，否则会引起尿素中毒。尿素应加在精料中充分混匀后饲喂，不能单独喂，也不能加在饮水中喂。一般羔羊断奶后每天可喂尿素10~15克，成年羊可喂尿素20克。

（3）半放牧半舍饲育肥　半放牧半舍饲育肥是放牧与补饲相结合的育肥方式，我国农村大多数地区可采用这种方式，既能利用夏秋季牧草生长旺季进行放牧育肥，又可利用各种农副产品及少许精料进行后期催肥，提高育肥效果。半放牧半舍饲育肥可采用两种方式。一种是前期以放牧为主，舍饲为辅，少量补料；后期以舍饲为主，多补精料，适当就近放牧采食。另一种是前期利用牧草生长旺季全天放牧，使羔羊早期骨骼和肌肉充分发育，后期进入秋末冬初转入舍饲催肥，使羊只肌肉迅速增长，贮积脂肪，经过30~40天催肥，即可出栏上市。一些老残羊和瘦弱的羯羊在秋末集中1~2个月舍饲育肥，可利用加工副产品和少许精料补饲催肥，是一种费用较少、经济效益较高的育肥方式。

2. 现代专业化和工厂化肉羊生产　专业化和工厂化肉羊生产是近代养羊科技发展形成的一种集约化肉用绵羊生产，它体现了养羊科技与经营管理的最高水平，在一些国家如美国、英国、法国、澳大利亚、新西兰以及俄罗斯等被广泛采用。各国根据本国的绵羊品种特性、饲草资源和生产条件组织肉羊生产，具有很高的经

图3–9　现代专业化和工厂化肉羊生产

济效益。随着我国养羊业的现代化，这种先进的肉羊生产方式必将逐步推广开来。专业化和工厂化肉羊生产有以下特点：

（1）人工控制环境条件，采用最佳环境参数按市场需要组织生产。一些国家采用现代化手段建筑羊舍，人工控制环境温度、湿度、光照，羊群不受自然气候环境变化的影响。采用高度机械化、自动化生产流程，按工厂化形式组织生产劳动，尽量减少人羊直接接触。同时，根据绵羊营养需要组织饲料生产，按饲养标准进行饲喂；或建设高产优质人工草场，围栏分区放牧，饲喂和饮水均实现自动化，尽量提高劳动生产率。

（2）采用现代化良种，实行多品种杂交，保持高度杂种优势。各国均选择适合本国条件的优秀品种，研究出最佳杂交组合方案，实行三四个品种的杂交，把高繁殖性能、高泌乳性能和高产肉性能有机地结合起来，保持高度的杂种优势，组织商品肉羊生产。

（3）密集产羔，全年繁殖，批量生产。一些国家利用多胎品种或采用人工控制母羊繁殖周期，缩短产羔间隔，组织母羊全年均衡产羔，密集繁殖。实行一年两产、两年三产和三年五产制。也有实行母羊轮流配种繁殖的，一月一批，终年产羔。羔羊早期断奶，断奶后母羊立即配种，充分利用母羊最佳繁殖年龄快速更新。实现商品肉羊批量生产，均衡供应市场。

（4）羔羊早期断奶，快速强度肥育。美国、俄罗斯等国采取羔羊超早期（1~3 日龄）或早期（30~45 日龄）断奶。超早期断奶羔羊用人工乳（脱脂乳、脂肪、磷脂、微量元素、矿物质、维生素、氨基酸、抗生素配制而成）或代乳粉（按羊奶成分配制而成）进行哺育，同时用特制羔羊配合饲料进行补饲，实行集约化强度育肥或放牧育肥。集约化育肥是以精料、干草、添加剂组成育肥日粮（不喂青饲料）进行舍饲育肥，一般在专门化育肥工厂进行。按育肥体重或育肥日期成批育肥，定时出栏，每年育肥 4~6 批，

每批育肥60天，轮流供应市场。放牧育肥是将断奶羔羊在优质人工草场自由放牧，并补饲一定数量的干草、青贮饲料和精料，达到一定体重时即出栏销售。一些国家推行羔羊断奶后便进行剪毛，然后开始育肥，剪毛有利于羊只生长，增加其出栏体重。

（六）羊的放牧饲养

绵羊、山羊采食能力强，故适宜放牧饲养。羊只在放牧的过程中不断游走，增加了运动量，同时也能长时间接受太阳光的照射，这些都有利于羊体的健康。天然牧草是羊重要的饲料来源。放牧养羊符合羊的生物学特性，又可节约粮食、降低饲养成本和管理费用，增加养羊生产的经济效益。羊的放牧饲养方式在世界养羊业中仍占主导地位。充分、合理利用天然草地资源能够生产大量的优质蛋白质食品和轻工业、毛纺工业原料。

1. 四季牧场的规划与合理利用 牧场的规划和合理利用是确保天然牧场可持续高产的前提，既是实行科学养羊的要求，也是保护草地资源和人类生存环境的需要。

（1）四季牧场的划分 牧场的划分要做到因地制宜，根据不同地区的气候特点、草场面积、地形地貌、水源分布、牧草生长和羊群数量等因素综合考虑，达到合理利用和保护草地资源、提高载畜量、减少和防止疾病危害、便于羊的放牧和管理的目的。采用按季节转场轮牧的生产方式，可以充分、合理地利用不同类型的草地资源。放牧后的牧场有较长的休闲期，有利于牧草的恢复和再生，使牧场保持较高的生产力。部分牧场放牧后封育、增加施肥，可作为割草地，在夏秋季晒制大量干草，以备冬春补饲之用。牧场在休闲期间应严禁放牧，否则会由于过度放牧而引起草场退化。

①春季牧场 在补饲条件相对较差的北方牧区和西南高寒山区，羊

春季的体况普遍较差。春季是母羊产羔和哺乳的时期，气候变化频繁、草料匮乏，稍有不慎就会造成羊只大量损失。春季牧场要求地势平坦，或选在缓坡和阳坡，有一定水源的地块。牧场积雪较少，融雪早，有利于牧草的萌发。在西南地区，春季牧场多选在浅丘地带。

春季牧草萌发较早，但养分贮备有限，过早进场放牧不利于牧草的生长。进入春场放牧的时间不要过早。较为适合的时期是：禾本冬牧草处于分蘖至拔节初期，豆科牧草及杂草在长出腋芽时，草丛高度 8~10 厘米。进场初期，可采用早晨放冬场，下午放春场；尽可能利用冬场上残存的枯草以减轻春季牧场的压力。即使冬季牧场面积受限，也应限制在春场的放牧时间，可给羊补饲一定的草料；也可将春场划区后进行轮牧，保证部分牧场在早春有一定的休闲期。春场放牧结束的时间相对要早一些，“晚进早出”是春季牧场放牧应遵循的原则。

②夏季牧场　选择夏季牧场要因地制宜。北方干旱草原或半荒漠草原区，应选择在低洼的凹地或河流两岸水源较充足的地块；在西南高寒牧区，应选择高山牧场作为夏季牧场。总的要求是：水源近，受旱程度低，牧草生长良好，有利于羊的放牧抓膘。

图 3–10　夏季牧场

夏季牧场牧草的质量对羊的体况恢复有重要影响。在高山牧场放牧时放牧地段可由高到低，分段利用。夏季中午气温较高，放牧时应选择可庇荫的地块，防止蚊蝇骚扰，并尽可能延长在夏季牧场放牧的时间。在高寒山区，由于牧草生长周期较短，放牧时间不宜太长。一般在开始降霜或下雪之前，使羊群逐渐向中、低山牧场转移，避免牧场放牧过度。

③秋季牧场　在北方牧区，一般选择在其他季节因缺水而不能利用的牧场。在西南山区，可选择中、低山牧场或农作物收获后的茬地。

利用秋季牧场的时间长短和强度，要根据各地的气候特点来确定。一般在牧草结束生长前30天左右转场，使牧草能贮备一定的养分，有利于牧草的越冬和翌年的再生。可采用划区放牧，地势较高、离牧场较远的地块先放，逐渐向地势低或距离近的地块转移。这样既有利于充分、合理地利用草地资源，又可避免羊只的往返奔波和掉膘。

④冬季牧场　选择地势较平坦，靠近水源，牧草生长良好，冬季积雪较少的牧场。在北方纯牧区，冬季牧场一般靠近人的定居点。牧场积雪厚度在15~20厘米，过厚会给羊的牧食造成困难。

冬季牧场一般采用分段放牧的方法。初冬，可将羊放于地势低洼或避风较差的地块，以免因积雪过厚而不能利用。要先利用距离较远的地块。遇暴风雪天气，应将羊赶入圈内进行补饲。近年来，我国北方地区在冬季采用塑料大棚养羊，能较显著地改善羊的放牧饲养条件，取得了较高的经济效益，值得在高寒地区广泛推广。

2. 放牧羊群的组织和放牧方式

（1）放牧羊群的组织　合理组织羊群，有利于羊的放牧和管理，是保证羊吃饱草、快长膘和提高草场利用率的一个重要技术环节。在我国北方牧区和西南高寒山区，草场面积大，人口稀少，羊群规模一般较大。

在我国南方丘陵和低山区，草场面积小而分散，农业生产较发达，羊的放牧条件较差，在放牧时必须加强对羊群的引导和管理，才能避免对农作物的啃食，羊群规模一般较小。羊群的组织应根据羊的类型、品种、性别、年龄（如羔羊、育成羊、成年羊）、健康状况等综合考虑，也可根据生产和科研的特殊需要组织羊群。生产中，羊群一般可分为公羊群、母羊群、育成公羊群、育成母羊群、羔羊群（按性别组群）、阉羊群等。阉羊数量很少时，可随成年的母羊组群放牧。在羊的育种工作中，还可按选育性状组建核心育种群，即把育种过程中产生的理想型个体单独组群和放牧。

采用自然交配时，配种前 1 个月左右，将公羊按 1∶25~1∶30 的比例放入母羊群中饲养，配种结束后，公羊再单独组群放牧。

在南方省、区，养羊一般采用放牧与补饲相结合的方式，除组织羊群的一般要求，还必须考虑羊舍面积、补饲和饮水条件、牧工的劳动强度等因素，羊群的大小要有利于放牧和日常管理。

（2）放牧技术　要使羊生长快，不掉膘，放牧技术是关键。羊的

图 3-11　放牧羊群

放牧要立足于抓膘和保膘，使羊常年保持良好的体况，充分发挥羊的生产性能。要达到这样的目的，必须了解和掌握科学的放牧方法和技术。

在绵羊的放牧中，除应了解和熟悉草场的地形、牧草生长情况和气候特点外，还要做到两季慢（春秋两季放牧要慢）、三坚持（坚持跟群放牧、早出晚归、每日饮水）、三稳（放牧、饮水、出入羊圈要稳）、四防（防“跑青”、防“扎窝子”、防病、防兽害），同时，要根据不同季节的气候特点，合理地调整放牧的时间和距离，以保证羊能吃饱、吃好。在南方地区，夏季气候炎热，应延长羊早、晚放牧时间，午间将羊赶回羊舍或其他阴凉处休息。此外，在我国广大的农区和半农半牧区，发展了一些简便、实用的山羊放牧方法，适合小规模分散养羊。现简要介绍如下：

①领着放　羊群较大时，由放牧员走在羊群前面，带领羊群前进，控制其游走的速度和距离。适用于牧草茂盛季节的平原和浅丘地区，有利于羊对草场的充分利用。

②赶着放　放牧员跟在羊群后面进行放牧，适合于春秋两季在平原或浅丘地区放牧。放牧时要注意控制羊群游走的方向和速度。

图 3–12　赶着放羊

③陪着放　在平坦牧地放牧时，放牧员站在羊群一侧；在坡地放牧时，放牧员站在羊群的中间；在田边放牧时，放牧员站在田边。这些方法便于控制羊群，四季均可采用。

④等着放　在丘陵山区，当牧地相对固定且羊群对牧道熟悉时，可采用此法。出牧时，放牧员将羊群赶上牧道后，自己抄近路走到牧地等候羊群。采用这种方法放牧，要求牧道附近无农田、无幼树、无兽害。一般在植被稀疏的低山草场或在草场枯草期采用。

⑤牵牧　利用工余时间或老、弱人员用绳子牵引羊只，选择牧草生长较好的地块，让羊自由采食，在农区使用较多。

⑥拴牧　用一条长绳，一端系在羊的颈部，另一端拴一小木桩，选择好牧地后，将木桩打入地下固定，让羊在绳子长度控制的范围内自由采食。一天中可换几个地方放牧，既能使羊吃饱吃好，又节省人力，多在农区采用。

羊的放牧要因地、因时制宜，采用适当的放牧技术。在春秋放牧时，要控制好羊群的游走速度，避免过分消耗体力，引起羊只掉膘。夏季放牧时，羊群可适当松散，午间气温较高时，应将羊赶到能遮阴的地方采食或休息；在有条件的地区，可在牧地上搭建临时遮阴棚架，作为羊中午休息或补饲、饮水的场所。冬季放牧时，要随时了解天气的变化：晴好天气可放远一些；雪后初晴时就近放牧；大风雪天应将羊群赶回圈舍饲养。

（3）山羊放牧应注意的事项　山羊放牧要着眼于抓膘和保膘。

①要训练好带头山羊　山羊合群性强，放牧时，群体山羊总是跟随在头羊后面。牧民的经验是：“放羊打住头，放得满身油。”要选择全群中最健康、精力充沛的山羊作头羊，加强训练。训练时要严格，也要有感情，要注意口令严厉、准确。

②要注意数羊　每天出牧前、收牧后都要清点山羊数，以防落队。牧民的经验是："一天数三遍，丢了在眼前；三天数一遍，丢失找不见。"

③要防野兽、毒蛇、毒草为害　防兽害就是防止野兽为害。在山地放牧防兽害的经验是："早防前，晚防后，中午要防洼洼沟。"早上要防野兽从羊群前出现；晚上要防野兽从羊群后面出现；中午防野兽从低洼沟出现。防毒蛇为害，牧民的经验是：冬季挖土找群蛇，放火烧死蛇；其他季节是"打草惊蛇"。

防毒草为害，应知道毒草多生长在潮湿的阴坡上，幼嫩时毒性大。牧民的经验是："迟牧、饱牧。"等毒草长大后，让山羊吃饱草后再在这些混生毒草地方放牧，可以使羊免受其害。

3. 四季放牧要点

（1）春季放牧　春季气候逐渐转暖，枯草逐渐转青，是羊只由补饲逐渐转入全放牧的过渡时期。初春时，绵羊经过漫长的冬季，膘情差，体质弱，产冬羔的母羊处于哺乳期，加之气候不稳定，容易出现"春乏"的现象。这时，牧草刚开始萌发，羊看到一片青却难以采食，疲于奔青找草，

图 3-13　春季放牧

增加了体力消耗，更易加速瘦弱羊的死亡。因此，羊的春季放牧要突出一个“稳”字。放牧员应走在羊群的前面，控制好羊群的游走速度，防止羊只因“跑青”而掉膘。对弱羊和带仔母羊要单独组群就近放牧，加强补饲。

在南方农区和半农半牧区，牧草返青早，生长快，有利于羊的放牧。但当草场中豆科牧草比例较大时，放牧要特别小心，因为此时的豆科牧草生长旺盛、质地细嫩，含有较多的非蛋白质，而其他牧草多处于枯黄或刚开始萌芽阶段，产量有限，羊采食过多豆科牧草会引起瘤胃胀气，常造成羊只死亡。在这些地区，春季是膨胀病的高发期，必须引起重视。出牧前，可先补饲一定量的干草或混合精料，适量饮水，使羊在放牧时不致大量抢食豆科牧草。发现胀气的羊只要及时处理。

（2）夏季放牧　夏季牧草茂盛，营养价值高，是羊恢复体况和抓膘的有利时期。五、六两月是牧区最繁忙的阶段。羊的整群鉴定、剪毛抓绒、防疫注射、药浴驱虫及冬羔的断奶、组群等工作，都需在此期间完成，同时，还要做好转场放牧的准备工作。因此，必须精心组织和合理调配劳动力，做到不误时节。

夏季一般选择干燥凉爽的山坡地放牧，可减少蚊蝇的侵袭，使羊能安心吃草。中午气温较高时，要把羊赶到阴凉的场地休息或采食，要经常驱动羊群，防止出现“扎窝子”。应避免在有露水或雨水的苜蓿草地放羊，防止膨胀病的发生。尽量延长羊群早、晚放牧的时间。群众的经验是：“早晚晾羊，中午歇羊”“上午放西坡（背阳的草坡），下午放东坡（背阳的草坡）”“上午顺风出牧顶风归，下午顶风出牧顺风归”。在山顶上放牧，采用“满天星”的放牧队形（散放）。为了防雨，群众的经验是“小雨照常放牧，中雨、大雨抓空放牧”。

放牧绵羊时，上山下山要盘旋而行，避免直上直下和紧迫快赶；要

经常检查羊只的采食情况和体况；对病、弱羊要查明原因，及时进行治疗或补饲，确保母羊进入繁殖季节后能正常发情和受胎；加强羔羊、育成羊的放牧和补饲，搞好春羔的断奶工作。

（3）秋季放牧　秋季放牧的重点是抓膘、保膘，搞好羊的配种。

秋季气候凉爽、蚊蝇较少，牧草正值开花、结籽期，营养丰富，秋季抓膘的效果比夏季好，是羊放牧肥育的有利时期。

图 3–14　秋季放牧

经夏季放牧后，羊的体况明显恢复，精力旺盛，活动量大，再加之逐渐进入繁殖季节，公羊吃草不专心、游走范围增大，争斗增加，常对母羊进行骚扰，影响母羊采食。为使羊群不掉膘，应加强放牧管理，控制好羊群的放牧速度和游走范围。群众的经验是："夏抓肉膘，秋抓油膘。抓好夏膘放肥羊，抓好秋膘奶胖羊。"为此，秋季放牧要延长时间，做到"早出、晚归、中午不休息"。配种开始前，要对羊群进行一次全面的健康检查，开展驱虫、修蹄等工作。

秋季放牧时，要避免将羊放在以有芒、有刺的植物为主的草场，以

免带刺的种子落入羊的被毛而刺入皮肤和内脏器官，造成损伤。同时，要充分利用打草和农作物收获后的茬地放牧，使羊能吃到鲜嫩的牧草。秋季要搞好母羊的配种繁殖工作。

（4）冬季放牧　冬季放牧的主要任务是保膘、保胎，防止母羊发生流产。入冬前，对羊的体况进行一次检查，并根据冬草场的面积、载畜量和草料贮备情况，确定存栏规模，淘汰部分年老、体弱羊和“漂沙”母羊（指连续两年以上不能配种受胎的母羊）；在干旱年份更应该适当加大出栏，以减轻对草场的压力。每只成年母羊的年干草贮备量为 250~300 公斤，精料为 50~150 公斤。

图 3–15　冬季放牧

在冬季积雪较多的地区，先要利用地势低洼的草地放牧，后利用地势较高的坡地或平地，以免积雪过厚羊不能利用而造成牧草浪费。天气晴好放远处，雪后初晴放近处，大风雪天将羊留在圈内饲养。在放牧中

突遇暴风雪，应将羊及时赶回或赶到山坡的背风面，不能让羊四处逃跑，以免造成丢失和死亡。冬季早晨出牧的时间可稍推迟，待牧草上的水分稍干后再放牧，可减少母羊的流产。

羊的棚、圈设施要因地制宜，大小适当、防寒保暖、方便管理。入冬前，要对圈舍进行检查、维修，避免“贼风”的侵袭。近年来，我国北方采用的塑料大棚，增温效果好，建造成本低，经济实用，在高寒牧区很有推广价值。

三、羊的日常管理

1. 羊的编号　羊的个体编号是开展绵羊、山羊育种中不可缺少的技术工作。总的要求是简明、便于识别、不易脱落、字迹清晰，有一定的科学性、系统性，便于资料的保存、统计和管理。

羊的编号常采用金属耳标或塑料标牌，也有采用墨刺法的。农区或半农半牧区饲养山羊，由于羊群较小，可采用耳缺法或烙角法编号。

（1）耳标法　用金属耳标或塑料标牌在羊耳的适当位置（耳上缘血管较少处）打孔、安装。金属耳标可在使用前按规定统一打号后分戴。耳标上可打上场号、年号、个体号，个体号可单数代表公羊，双数代表母羊。总字符数不超过 8 位，有利于资料微机管理。现以 48~50 只半细毛羊育种中采用的编号系统为例加以说明。

①场号　以场名的两个汉字拼音字母代表，如“宜都种羊场”，取“宜都”两个字的汉语拼音首字母“Y”和“D”作为该场的场号，即“YD”。

②年号　取公历年份的后两位数，如“2004”取“04”作为年号，编号时以畜牧年度计。

③个体号　根据各场羊群大小，取三位或四位数；尾数单号代表公羊，

双数代表母羊。可编出 100~10000 只羊的耳号。

例如“YD04034”代表宜都种羊场 2004 年度出生的母羔，个体为 34。

塑料标牌在佩戴前用专用书写笔写上耳号，编号方法同上。对在丘陵山区或其他灌丛草地放牧的绵羊和山羊，编号时提倡佩戴双耳标，以免因耳标脱落给育种资料管理造成损失。使用金属耳标时，可将打有字号的一面戴在耳廓内侧，以免因长期摩擦造成字迹缺损或模糊。

（2）耳缺法　不同地区在耳缺的表示方法及代表数字大小上有一定差异，但原理是一致的，即用耳部缺口的位置、数量来对羊进行个体编号。数字排列、大小的规定可视羊群规模而异，但同一地区、同一羊场的编号必须统一。耳缺法一般遵循上大、下小、左大、右小的原则。编号时尽可能减少缺口数量，缺口之间的界线清晰、明了，编号时要对缺口认真消毒，防止感染。

（3）墨刺法　用专用墨刺钳在羊的耳廓内刺上羊的个体号。这种方法简便经济，无掉号危险。但常常由于字迹模糊而难于辨认，目前已较少使用。

（4）烙角法　用烧红的钢字将编号依次烧烙在羊的角上。此法对公、母羊均有角的品种较适用。在细毛羊育种中，可作为种公羊的辅助编号方法。此法无掉号危险，检查起来也很方便，但编号时较耗费人力和时间。

2. 绵羊的断尾　断尾仅针对长瘦尾型的绵羊品种，如纯种细毛羊、半细毛羊及杂种羊。目的是保持羊体清洁卫生、保护羊种品质，便于配种。羔羊出生后 2~3 周龄内断尾。断尾应该选择一个晴天的早上，用断尾铲进行断尾。具体方法是：

（1）热断法　这种方法使用较普遍。断尾时，需一特制的断尾铲和两块 20 厘米见方（厚 3~5 厘米）的木板，在一块木板的一端中部，锯一

个半圆形缺口，两侧包以铁皮。术前，用另一木板衬在条凳上，由一人将羔羊背贴木板进行固定，另一人用带缺口的木板卡住羔羊尾根部（距肛门约 4 厘米），并用烧至暗红的断尾铲将尾切断，下切的速度不宜过快，用力均匀，使断口组织在切断时受到烧烙，起到消毒、止血的作用。尾断下后，如有少量出血，可用断尾铲烫一烫即可止住，最后用碘酒消毒。

（2）结扎法　用橡胶圈在距尾根 4 厘米处将羊尾紧紧扎住，阻断尾下段的血液流通，经 10 天左右，尾下段自行脱落。此法在国内尚不普及，但值得提倡。

3. 山羊的去角　羔羊去角是奶山羊饲养管理的重要环节。奶山羊有角容易发生创伤，不便于管理，个别性情暴烈的种公羊还会攻击饲养员，造成人身伤害。因此，采用人工方法去角十分重要。一般在羔羊生后 7~10 天内去角，对羊的损伤小。对于人工哺乳的羔羊，最好在学会吃奶后进行去角。有角的羔羊出生后，角蕾部呈漩涡状，触摸时有一较硬凸起。去角时，先将角蕾部分的毛剪掉，剪的面积要稍大一些（直径约 3 厘米）。去角的方法主要有：

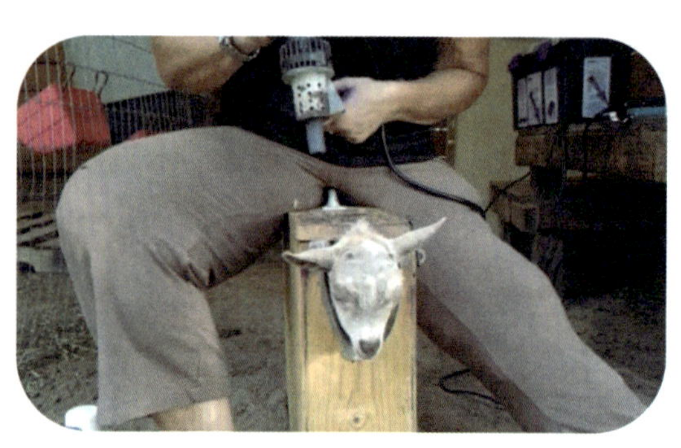

图 3–16　给山羊去角

（1）烧烙法　将烙铁于炭火中烧至暗红（亦可用功率为 300 瓦左右的电烙铁）后，对固定好的羔羊的角基部进行烧烙。烧烙的次数可多一些，但每次烧烙的时间不超过 10 秒，当表层皮肤破坏并伤及角原组织后可结束，对术部应进行消毒。在条件较差的地区，也可用 2~3 根 40 厘米长的

锯条代替烙铁使用。

（2）化学去角法 用棒状苛性碱（氢氧化钠）在角基部摩擦，破坏其皮肤和角原组织。术前应在角基部周围涂抹一圈医用凡士林，防止碱液损伤其他部分的皮肤。操作时先重后轻。将角摩擦至有血液浸出即可。摩擦面积要稍大于角基部。术后应将羔羊后肢适当捆住（松紧程度以羊能站立和缓慢行走即可）。由母羊哺乳的羔羊，在半天以内应与母羊隔离；哺乳时，应尽量避免羔羊将碱液污染到母羊的乳房上而造成损伤。去角后，可给伤口撒上少量的消炎粉。

4. 羔羊去势 凡不宜作种用的公羔要进行去势。去势时间一般为1~2月龄，多在春秋两季气候凉爽、天气晴朗的时候进行。幼羊去势手术简单、操作容易，去势后羔羊恢复较快。去势的方法有阉割法和结扎法。

（1）阉割法 将羊绑定后，用碘酒和酒精对术部消毒。术者左手握紧阴囊的上端将睾丸压迫至阴囊的底部，右手用刀在阴囊下端与阴囊中隔平行的位置切开，切口大小以能挤出睾丸为宜；睾丸挤出后，将阴囊皮肤向上推，暴露精索，剪断或拧断。在精索断端涂以碘酒消毒，在阴囊皮肤切口处撒上少量消炎粉即可。

（2）结扎法 术者左手握紧阴囊基部，右手撑开橡皮圈将阴囊套入，反复扎紧，以阻断下部的血液流通。约经15天，阴囊连同睾丸自然脱落。此法较适合1月龄左右的羔羊。在结扎后，要注意检查，以防止橡皮圈断裂或结扎部位发炎、感染。

5. 绵羊剪毛

（1）剪毛次数 细毛羊、半细毛羊及生产同质毛的杂种羊一般每年在春季剪毛一次。如果一年进行两次剪毛，则羊毛的长度达不到精纺的要求，羊毛价格低，影响经济收入。粗毛羊和生产异质毛的杂种羊可在春秋季节各剪毛一次。

（2）剪毛时间　剪毛具体时间主要取决于当地的气候条件和羊的体况。春季剪毛，要求在天气变暖并趋于稳定的时候进行。剪毛过早和过迟对羊体均不利。过早剪毛羊体易受冻害。过迟一是会阻碍羊体热散发，羊只感到不适而影响放牧抓膘；二是羊毛自行脱落会造成经济损失；三是绵羊皮肤受到烈日照射易招致皮肤病。北方牧区（包括西南高寒山区）通常在 5 月中下旬剪毛；而在气候较温暖的地区，可在 4 月中下旬剪毛。在生产上，一般按羯羊、公羊、育成羊和带仔母羊的顺序来安排剪毛，患有疥癣、痘疹的病羊留在最后剪，以免感染其他健康羊只。

（3）剪毛方法　绵羊剪毛的技术要求高，劳动强度大，在有条件的大、中型羊场，应提倡采用机械剪毛。化学脱毛的方法在国内外都有研究，但未能普遍采用。

图 3–17　剪羊毛

剪毛应在干净、平坦的场地进行。将羊绑定后，先从体侧至后腿剪开一条缝隙，顺此向背部逐渐推进（从后向前剪）。一侧剪完后，将羊体翻一下，由背向腹剪毛（以便形成完整的毛套）。最后剪下头颈部、腹部和四肢下部的羊毛。毛套去边后单独堆放打包，边角毛、头腿毛和腹毛装在一起，作为等外毛处理。

剪毛时，羊毛留茬高度为0.3~0.5厘米，尽可能减少皮肤损伤。当因技术不熟练留茬过长时，不要补剪，因为剪下的二刀毛几乎没有纺织价值，既造成浪费，又会影响织品的质量，必须在剪毛时引起重视。

剪毛前，绵羊应空腹12小时，以免在翻动羊体时造成肠扭转。剪毛后一周内，尽可能在离羊舍较近的草场放牧，以免突遇降温降雪天气而造成损失。

6. 山羊抓绒　山羊抓绒的时间依各地的气候条件而异。一般在5~6月份，当羊绒的毛根开始出现松动时进行，在生产中，常通过检查山羊耳根、眼圈四周毛绒的脱落情况来判断抓绒的时间。这些部位绒毛毛根松动较早。山羊脱绒的一般规律是：体况好的羊先脱，体弱的羊后脱；成年羊先脱，育成羊后脱；母羊先脱，公羊后脱。

抓绒的方法有两种：①先剪去外层长毛后抓绒；②先抓绒后剪毛。抓绒工具是特制的铁梳，有两种类型：密梳通常由12~14根钢丝组成，钢丝相距0.5~1.0厘米；稀梳通常由7~8根钢丝组成，相距2.0~2.5厘米。钢丝直径0.3厘米左右，弯曲成钩状，尖端磨成圆秃形，以减轻对羊皮肤的损伤。

抓绒时，需将羊的头部及四肢固定好，先用稀梳顺毛沿颈肩、背、腰、股等部位由上而下将毛梳顺，再用密梳反方向梳乱。抓绒时，梳子要贴紧皮肤，用力均匀，不能用力过猛，防止抓破皮肤。第一次抓绒后，过7天左右再抓一次，尽可能将绒抓净。

7. 羊的修蹄　修蹄是重要的保健工作内容，对舍饲奶山羊尤为重要。羊蹄过长或变形会影响羊的行走，产生蹄病，甚至造成羊只残疾。奶山羊每1~2个月应检查和修蹄1次，其他羊只可每半年修蹄1次。

修蹄可选在雨后进行，此时蹄壳较软，容易操作。修蹄的工具主要有蹄刀、蹄剪（也可用其他刀、剪代替）。修蹄时，羊呈坐姿固定，背

靠操作者；一般先从左前肢开始，术者用左腿架住羊的左肩，使羊的左前膝靠在人的膝盖上，左手握蹄，右手持刀、剪，先除去蹄下的污泥，再将蹄底削平，剪去过长的蹄壳，将羊蹄修成椭圆形。

修蹄时要细心操作，动作准确、有力，要一层一层地往下削，不可一次切削过深。一般削至可见到淡红色的微血管为止，不可伤及蹄肉。修完前蹄后，再修后蹄。修蹄时若不慎伤及蹄肉，造成出血，可视出血多少采用压迫止血或烧烙止血方法；烧烙时应尽量减少对其他组织的损伤。

8. 绵羊的药浴 药浴是为了预防或治疗羊体外寄生虫，如羊疥癣、羊虱等。

图 3–18 绵羊的药浴

疥癣等外寄生虫病对绵羊的产毛量和羊毛品质都有不良影响；一旦发生疥癣，就很容易在羊群内蔓延，造成巨大的经济损失。除对病羊及时隔离并严格进行圈舍消毒、灭虫外，药浴是防止疥癣等外寄生虫病的

有效方法。定期药浴是绵羊饲养管理的重要环节。药浴时间一般在剪毛后 10~15 天。这时羊皮肤的创口基本愈合，毛茬较短，药液容易浸透，防治效果好。常用的药品有螨净、双甲脒、蝇毒灵等。在专门的药浴池或大的容器内进行。目前，国内外在推广喷雾法药浴，但设备投资较高，国内中、小羊场和农户一时还难以采用。

为保证药浴安全有效，除按不同药品的使用说明书正确配制药液外，在大批羊只药浴前，可用少量羊只进行试验，确认不会引起中毒时，才能让大批羊只药浴。在使用新药时，这一点尤其重要。

羊只药浴时，要保证全身各部位均要洗到。药液要浸透被毛，要适当控制羊只通过药浴池的速度；对头部，需人工浇一些药液淋洗，但要避免将药液灌入羊的口腔。药浴的羊只较多时，中途应补充水和药液，使其保持适宜的浓度。对疥癣病患羊可在第一次药浴结束 7 天后再进行一次药浴，结合局部治疗，使其尽快痊愈。

第四章　羊的疾病防治

一、病的预防

羊在生活过程中所发生的疾病是多种多样的，根据其性质，一般分为传染病、寄生虫病和普通病三大类。

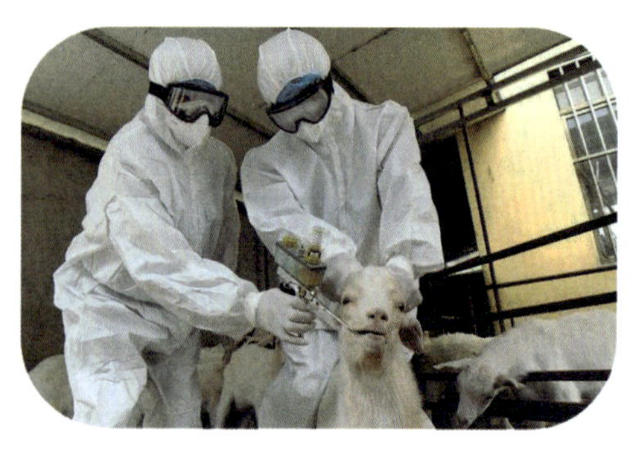

图 4–1　羊的疾病防治

传染病是由病原微生物（如细菌、病毒、支原体等）侵入羊体而引起的。病原微生物在羊体内生长繁殖，放出大量毒素或致病因子，破坏或损害羊的机体，使羊发病，如不及时防治，常引起羊只死亡。羊发生传染病后，病原微生物从其体内排出，通过直接接触或间接接触传染给其他羊，造成疫病的流行。有些急性烈性传染病可使羊大批死亡，造成严重的经济损失。

寄生虫病是由寄生虫（如蠕虫、蜘蛛、原虫等）寄生于羊体而引起的。寄生虫寄生于羊体，通过虫体对羊的器官、组织造成机械损伤，夺取营养或产生毒素，使羊消瘦、贫血、营养不良、生产性能下降，严重者可导致死亡。寄生虫病与传染病有类似之处，即具有侵袭性，使多数羊发病。某些寄生虫在其发育过程中还需要有中间宿主。如肝片吸虫的中间宿主

是椎实螺。羊的寄生虫病种类很多，某些寄生虫病所造成的经济损失并不亚于传染病，对养羊业构成严重威胁。

普通病是指除传染病和寄生虫病以外的疾病，包括内科病、外科病、产科病等。这类疾病由于饲养管理不当，营养代谢失调，误食毒物，机械损伤，异物刺激，或其他外界因素如温度、气压、光线等所致。普通病与上述两类疾病的不同之处是没有传染性或侵袭性，多为零星发生，但羊如误食了某些毒草或毒物，也会大批发病，造成严重的经济损失。

羊病防治必须坚持“预防为主”的方针，认真贯彻《中华人民共和国动物防疫法》和国务院颁布的《家畜家禽防疫条例》，采取加强饲养管理、搞好环境卫生、开展防疫检疫、定期驱虫、预防中毒等综合性防治措施，将饲养管理工作和防疫工作紧密结合起来，以取得防病灭病的综合效果。

（一）加强饲养管理

1. 坚持自繁自养　羊场或养羊专业户应选养健康的良种公羊和母羊，自行繁殖，以提高羊的品质和生产性能，增强对疾病的抵抗力，并可减少入场检疫的劳务，防止因引入新羊带来病原体。

2. 合理组织放牧　牧草是羊的主要饲料，放牧是羊群获取营养需要的重要方式。因此，合理组织放牧与羊的生长发育和生产性能有着十分密切的关系。应根据农区、牧区草场的不同情况，以及羊的品种、年龄、性别的差异，分别编群放牧。为了合理利用草场，减少牧草浪费和减少羊群感染寄生虫的机会，应推行划区轮牧制度。

3. 适时进行补饲　羊的营养需要主要来自放牧，但当冬季草枯、牧草营养下降或放牧采食不足时，必须进行补饲，特别是对正在发育的幼龄羊、怀孕期和哺乳期的成年母羊，补饲尤其重要。种公羊如仅靠平时放牧，营养需要难以满足，在配种期间则更需要保证较高的营养水平，因此，种公羊多采取舍饲方式，按饲养标准喂养。

4. 妥善安排生产环节 养羊的主要生产环节是：鉴定、剪毛、梳绒、配种、产羔和育羔、羊羔断奶和分群。每一生产环节的安排应尽量在较短时间内完成，以尽可能增加有效放牧时间。如某些环节影响放牧，要及时给予适当的补饲。

（二）搞好环境卫生

养羊的环境卫生与疫病的发生有密切关系。环境污秽有利于病原体的滋生和疫病的传播。因此，羊舍、羊圈、场地及用具应保持清洁、干燥，每天清除圈舍、场地的粪便及污物，将粪便及污物堆积发酵，30 天左右可作为肥料使用。

图 4–2　搞好羊舍卫生

羊的饲草应当保持清洁、干燥，不能给羊喂发霉的饲草、腐烂的粮食。饮水也要清洁，不能让羊饮用污水和冰冻水。

老鼠、蚊、蝇等是病原体的宿主和携带者，能传播多种传染病和寄生虫病。应当清除羊舍周围的杂物、垃圾及乱草堆等，填平死水坑，认真开展杀虫灭鼠工作。杀灭蚊、蝇可使用敌百虫、敌敌畏、倍硫磷、马拉硫磷（马拉松）等杀虫药，配成 0.1%~0.2% 溶液，或使用蝇毒磷，配成 0.025% 混悬液，每月在羊舍内外和蚊蝇容易滋生的场所喷洒 2 次，但不可喷洒于饲料仓库、鱼塘等处。灭鼠的方法，除使用捕鼠夹捕杀外，常使用药物灭鼠，如敌鼠钠盐、安妥等。敌鼠钠盐对人畜毒性低，常用于住房、畜舍、仓库灭鼠，实践证明比较安全。常用 0.05% 毒饵，即将本品用开水溶化成 5% 溶液，然后按 0.05% 浓度与谷物或其他食饵融合均

匀即可。投放毒饵必须连续 4~5 天，因为多次少量食入比一次大量食入效果更好。敌鼠钠盐是一种抗凝血性药物，鼠食后可使其内脏、皮下等处出血而死亡。使用时应慎防发生人畜中毒，如发生中毒，可用维生素 K_1 注射液解救。

（三）严格执行检疫制度

检疫是应用各种诊断方法（临床的、实验室的）对羊及其产品进行疫病（主要是传染病和寄生虫病）检查，并采取相应的措施，以防疫病的发生和传播。为了做好检疫工作，必须有一定的检疫手续，以便在羊流通的各个环节中做到层层检疫，环环扣紧，互相制约，从而杜绝疫病的传播。羊从生产到出售，要经过出入场检疫、收购检疫、运输检疫和屠宰检疫，涉及外贸时，还要进行进出口检疫。出入场检疫是所有检疫中最基本最重要的检疫，只有经过检疫而未发生疫病时，方可让羊及其产品进场或出场。羊场或养羊专业户引进羊时，只能从非疫区购入，经当地兽医检疫部门检疫，并签发检疫合格证明书；运抵目的地后，再经本场或专业户所在地兽医验证、检疫并隔离观察 1 个月以上，确认为健康者，经驱虫、消毒，没有注射过疫苗的还要补注疫苗，然后方可与原有羊混群饲养。羊场采用的饲料和用具也要从安全地区购入，以防疫病传入。

羊大群检疫时，可用检疫夹道，在普通羊圈内，用木板做成夹道，进口处呈漏斗状，与待检圈相连，出口处有两个活动小门，分别通往健康圈和隔离圈。夹道用厚 2 厘米、宽 10 厘米的木板，做成 75 厘米高的栅栏，夹道内的宽度和活动小门的宽度均为 45~50 厘米。检疫时，将羊赶入夹道内，检疫人员即可在夹道两侧进行检疫。根据检疫结果，打开出口的活动小门，分别将羊赶入健康圈或隔离圈。这种设备除检疫用外，还可作羊的分群用。

（四）有计划地进行免疫接种

免疫接种是激发羊体产生特异性抵抗力，使其对某种传染病从易感转化为不易感的一种手段。有组织有计划进行免疫接种，是预防和控制羊传染病的重要措施之一。目前，我国用于预防羊主要传染病的疫苗有以下几种。

1. 无毒炭疽芽孢苗　预防羊炭疽。绵羊皮下注射 0.5 毫升，注射后 14 天产生免疫力，免疫期 1 年。山羊不能用。

2. 第Ⅱ号炭疽芽孢苗　预防羊炭疽。绵羊、山羊皮下注射 1 毫升，注射后 14 天产生免疫力，免疫期 1 年。

3. 炭疽芽孢氢氧化铝佐剂苗　预防羊炭疽。此苗一般称作浓芽孢苗，系无毒炭疽芽孢苗或第Ⅱ号炭疽芽孢苗的浓缩制品。使用时，以 1 份浓苗加 9 份 20% 氢氧化铝胶稀释剂，充分混匀后即可注射。其用途、用法各芽孢苗相似。使用该疫苗一般可减轻羊只注射反应。

4. 布氏杆菌猪型 2 号疫苗　预防羊布氏杆菌病。山羊、绵羊臀部肌内注射 0.5 毫升（含菌 50 亿）。阳性羊、3 月龄以下羔羊和怀孕羊均不能注射。

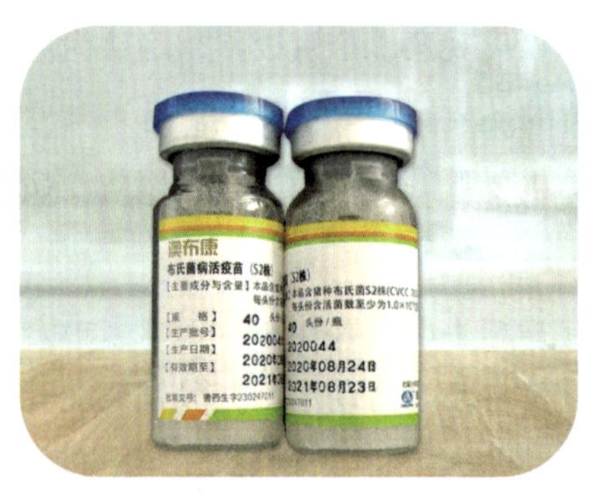

图 4-3　布氏杆菌猪型 2 号疫苗

饮水免疫时，用量按每只羊服 200 亿菌体计算，两天内分两次饮服；在饮服疫苗前，一般应停止饮水半天，以保证每只羊都能饮用一定量的水。应当用冷的清水稀释疫苗并迅速饮喂。疫苗从混合在水内到进入羊体内的时间越短，效果越好。免疫期暂定 2 年。

5. 布氏杆菌羊型 5 号疫苗　预防羊布氏杆菌病。此苗可对羊群进行

气雾免疫。如在室内进行气雾免疫，疫苗用量按室内空间计算，即每立方米用 50 亿菌，喷雾后羊群需在室内停留 30 分钟。如在室外进行气雾免疫，疫苗用量按羊的只数计算，每只羊用 50 亿菌，喷雾后羊群需在原地停留 20 分钟。在使用此苗进行羊气雾免疫时，操作人员需注意个人防护，应穿工作衣裤和胶靴，戴好防护口罩。操作人员如不慎被感染出现症状，应及时就医。

本苗也可供注射或口服用。注射时，将疫苗稀释成每毫升含菌 50 亿，每只羊皮下注射 10 亿菌。口服时，每只羊的用量为 250 亿菌。

本苗免疫期暂定为一年半。

6. 破伤风明矾沉降类毒素　预防破伤风。绵羊、山羊颈部皮下注射 0.5 毫升。平时均为 1 年注射 1 次；遇到羊受伤时，再用相同剂量注射 1 次，若羊受伤严重，应同时在另一侧颈部皮下注射破伤风抗毒素，即可防止发生破伤风。该类毒素注射后 1 个月产生免疫力，免疫期 1 年，第二年再注射 1 次，免疫力可持续 4 年。

7. 破伤风抗毒素　供羊紧急预防或防治破伤风之用。皮下或静脉注射，治疗时可重复注射 1 至数次。预防剂量：1200~3000 抗毒单位。治疗剂量：5000~20000 抗毒单位。免疫期 2 周。

8. 羊快疫、猝击、肠毒血症三联灭活疫苗　预防羊快疫、猝击、肠毒血症。成年羊和羔羊一律皮下或肌内注射 5 毫升，注射后 14 天产生免疫力，免疫期 6 个月。

9. 羔羊痢疾灭活疫苗　预防羔羊痢疾。怀孕母羊分娩前 20~30 天第一次皮下注射 2 毫升，第二次于分娩前 10~20 天皮下注射 3 毫升。第二次注射后 10 天产生免疫力。免疫期：母羊 5 个月，经乳汁可使羔羊获得母源抗体。

10. 羊黑疫、快疫混合灭活疫苗　预防羊黑疫和快疫。氢氧化铝灭活

疫苗，羊不论年龄大小均皮下或肌内注射3毫升，注射后14天产生免疫力，免疫期1年。

11. 羔羊大肠杆菌病灭活疫苗 预防羔羊大肠杆菌病。3月龄至1岁龄的羊，皮下注射2毫升；3月龄以下的羔羊，皮下注射0.5~1毫升。注射后14天产生免疫力，免疫期5个月。

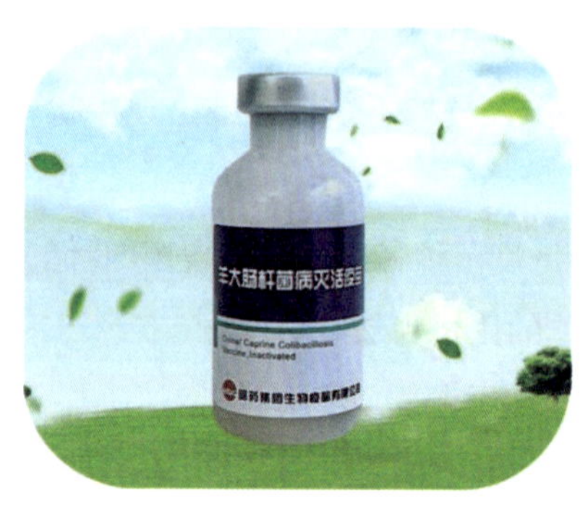

图 4–4 羔羊大肠杆菌病灭活疫苗

12. 羊厌气菌氢氧化铝甲醛五联灭活疫苗 预防羊快疫、羔羊痢疾、猝击、肠毒血症和黑疫。羊不论年龄大小均皮下或肌内注射5毫升，注射后14天产生免疫力，免疫期6个月。

13. 肉毒梭菌（C型）灭活疫苗 预防羊肉毒梭菌中毒症。绵羊皮下注射4毫升，免疫期1年。

14. 山羊传染性胸膜肺炎氢氧化铝灭活疫苗 预防由丝状支原体山羊亚种引起的山羊传染性胸膜肺炎。皮下注射，6月龄以下的山羊3毫升，6月龄以上的山羊5毫升，注射后14天产生免疫力，免疫期1年。本品限于疫区内使用，注射前应逐只检查羊只的体温和健康状况，凡发热有病的不予注射。注射后10日内要经常检查，有反应者应进行治疗。本品用前应充分摇匀，切忌冻结。

15. 羊肺炎支原体氢氧化铝灭活疫苗 预防绵羊、山羊由绵羊肺炎支原体引起的传染性胸膜肺炎。颈侧皮下注射，成年羊3毫升，6月龄以下幼羊2毫升，免疫期可达一年半以上。

16. 羊痘鸡胚化弱毒疫苗 预防绵羊痘，也可用于预防山羊痘。冻干苗按瓶签上标注的疫苗量，用生理盐水25倍稀释，振荡均匀，羊不论年

龄大小，一律皮下注射 0.5 毫升，注射后 6 天产生免疫力，免疫期 1 年。

17. 山羊痘弱毒疫苗 预防山羊痘和绵羊痘。皮下注射 0.5~1 毫升，免疫期 1 年。

18. 兽用狂犬病 ERA 株弱毒细孢苗 预防犬类和其他家畜（羊、猪、牛、马）的狂犬病。用灭菌蒸馏水或生理盐水稀释，2 月龄以上羊注射 2 毫升。免疫期半年至一年。

19. 伪狂犬病弱毒细孢苗 预防羊伪狂犬病。冻干苗先加 3.5 毫升中性磷酸盐缓冲液稀释，再稀释 20 倍。4 月龄以上至成年绵羊肌内注射 1 毫升，注射后 6 天产生免疫力，免疫期 1 年。

20. 羊链球菌病活疫苗 预防绵羊、山羊败血性链球菌病。注射用苗以生理盐水稀释，气雾用苗以蒸馏水稀释。在每只羊尾部皮下注射 1 毫升（含 50 万活菌），2 岁以下羊用量减半。露天气雾免疫每头剂量 3 亿活菌，室内气雾免疫每头剂量 3000 万活菌。免疫期 1 年。

免疫接种的效果，与羊的健康状况、年龄大小、是否正在怀孕或哺乳期，以及饲养管理条件的好坏有密切关系。成年的、体质健壮或饲养管理条件好的羊群，接种后会产生较强的免疫力；反之，幼年的、体质瘦弱的、有慢性疾病或饲养管理条件不好的羊群，接种后产生的免疫力就要差些，甚至可能引起较明显的接种反应。怀孕母羊，特别是临产前的母羊，在接种时由于驱赶、捕捉等动作影响，或者由于疫苗引起的反应，有时会诱发流产或早产，或者可能影响胎儿的发育。哺乳期的母羊免疫接种后，有时会暂时减少泌乳量。免疫过的怀孕母羊所产羔羊通过吮吸初乳后，在一定时间内其体内有母源抗体存在，因而对幼龄羔羊免疫接种往往不能获得满意结果。所以，对那些幼羊、弱羊、有慢性病的羊和怀孕后期的母羊，除非已经受到传染的威胁，最好暂时不予接种。对那些饲养管理条件不好的羊群，在进行免疫接种的同时，必须创造条件改

善饲养管理条件。

免疫接种须按合理的免疫程序进行，各地区、各羊场可能发生的传染病不止一种，而可以用来预防这些传染病的疫苗的性质又不尽相同，免疫期长短不一。因此，羊场往往需用多种疫苗来预防不同的病，也需要根据各种疫苗的免疫特性来合理地安排免疫接种的次数和间隔时间，这就是所谓的免疫程序。目前国际上还没有一个统一的羊免疫程序，只能在实践中总结经验，制定出合乎本地区、本羊场具体情况的免疫程序。

（五）做好消毒工作

消毒是贯彻“预防为主”方针的一项重要措施。其目的是消灭传染源散播于外界环境中的病原微生物，切断传播途径，阻止疫病继续蔓延。羊场应建立切实可行的消毒制度，定期对羊舍（包括用具）、地面土壤、粪便、污水、皮毛等进行消毒。

1. 羊舍消毒 一般分两个步骤进行：第一步先进行机械清扫；第二步用消毒液消毒。机械清扫是搞好羊舍环境卫生最基本的一种方法。据试验，采用机械清扫方法，可使畜舍内的细菌数减少 20% 左右，如果清扫后再用清水冲洗，则畜舍内的细菌数可减少 50% 以上，清扫、冲洗后再用药物喷雾消毒，畜舍内的细菌数可减少 90% 以上。

图 4–5 羊舍消毒

用化学消毒液消毒时，消毒液的用量以羊舍内每平方米面积用 1 升药液计算。常用的消毒液有 10%~20% 石灰乳、10% 漂白粉溶液、0.5%~1% 菌毒敌（原名农乐，同类产品有农福、农富、菌毒灭等）、0.5%~1% 二氯异氰尿酸钠（以此药为主要成分的商品消毒剂有强力消毒灵、灭菌净、抗毒威等）、0.5% 过氧乙酸等。消毒方法是将消毒液盛于喷雾器内，先喷洒地面，然后喷墙壁，再喷天花板，最后打开门窗通风，用清水刷洗饲槽、用具，将消毒药味除去。如羊舍有密闭条件，可关闭门窗，用福尔马林熏蒸消毒 12~24 小时，然后开窗通风 24 小时。福尔马林的用量为每立方米 12.5~50 毫升，加等量水一起加热蒸发，无热源时，也可加入高锰酸钾（每立方米用 30 克），即可产生高热蒸发。在一般情况下，羊舍消毒每年可进行两次（春秋各 1 次）。产房的消毒，在产羔前应进行 1 次，产羔高峰时进行多次，产羔结束后再进行 1 次。在病羊舍、隔离舍的出入口处应放置浸有消毒液的麻袋片或草垫；消毒液可用 2%~4% 氢氧化钠、1% 菌毒敌（对病毒性疾病），或用 10% 克辽林溶液（对其他疾病）。

2. 地面土壤消毒　土壤表面可用 10% 漂白粉溶液、4% 福尔马林或 10% 氢氧化钠溶液。停放过芽孢杆菌所致传染病（如炭疽）病羊尸体的场所，应严格消毒，首先用上述漂白粉溶液喷洒地面，然后将表层土壤掘起 30 厘米左右，撒上干漂白粉并与土混合，将此表土妥善运出掩埋。对于其他传染病所污染的地面土壤，则可先将地面翻一下，深度约 30 厘米，在翻地的同时撒上干漂白粉（用量为每平方米 0.5 千克），然后以水洇湿、压平。如果放牧地区被某种病原体污染，一般利用自然因素（如阳光）来消除病原体；如果污染的面积不大，则应使用化学消毒液消毒。

3. 粪便消毒　羊的粪便消毒方法有多种，最实用的方法是生物热消毒法，即在距羊场 100 米以外的地方设一堆粪场，将羊粪堆积起来，上

面覆盖10厘米厚的沙土，堆放发酵30天左右，即可用作肥料。

4. 污水消毒　最常用的方法是将污水引入污水处理池，加入化学药品（如漂白粉或其他氯制剂）进行消毒，用量视污水量而定，一般1升污水用2~5g漂白粉。

5. 皮毛消毒　羊患炭疽病、口蹄疫、布氏杆菌病、羊痘、坏死杆菌病等，其羊皮、羊毛均应消毒。应当注意，羊患炭疽病时，严禁从尸体上剥皮；在储存的原料皮中即使只发现1张患炭疽病的羊皮，也应将整堆与它接触过的羊皮进行消毒。对于皮毛的消毒，目前广泛利用环氧乙烷气体消毒法。消毒时必须在密闭的专用消毒室或密闭良好的容器（常用聚乙烯或聚氯乙烯薄膜制成的篷布）内进行。在室温15℃时，每立方米密闭空间使用环氧乙烷0.4~0.8千克，维持12~48小时，空气相对湿度在30%以上。此法对细菌、病毒、霉菌均有良好的消毒效果，对皮毛等产品中的炭疽芽孢也有较好的消毒作用。但本品对人畜有毒性，且其蒸气遇明火会燃烧以至爆炸，故必须注意安全，具备一定条件时才可使用。

（六）实施药物预防

羊场可能发生的疫病种类很多，其中有些病目前已研制出有效的疫苗，还有不少病尚无疫苗可供利用，有些病虽有疫苗但实际应用还有问题，因此，用药物预防疫病也是一项重要措施。通常以安全而价廉的药物加入饲料和饮用水中，让羊群自行采食或饮用。常用的药物有磺胺类药物（如磺胺嘧啶、磺胺甲基嘧啶、磺胺二甲基嘧啶、磺胺脒、磺胺甲基异噁唑等）、抗生素（如青霉素、链霉素、土霉

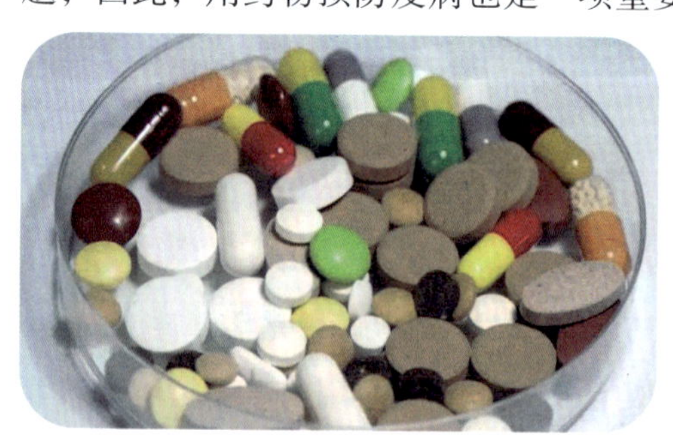

图4-6　药物

素、四环素、氯霉素、新霉素、卡那霉素、庆大霉素、红霉素、泰乐菌素、多黏菌素 B、制霉菌素、霉唑等）、硝基呋喃类药（如呋喃唑酮、呋喃妥因等）。磺胺类药、四环素族抗生素（土霉素、四环素等）和硝基呋喃类药，常拌入饲料或混于饮用水中使用。药物占饲料或饮用水的比例一般是：磺胺类药，预防量 0.1%~0.2%，治疗量 0.2%~0.5%；四环素族抗生素，预防量 0.01%~0.03%，治疗量 0.05%；硝基呋喃类药物，预防量 0.01%~0.02%，治疗量 0.03%~0.04%。一般连用 5~7 天，必要时可酌情延长。但如长期使用化学药物预防，容易产生耐药性菌株，影响药物的防治效果，因此，要经常进行药敏试验，选择有高度敏感性的药物用于防治。此外，成年羊口服土霉素等抗生素时，常会引起肠炎等中毒反应，必须注意。

抗菌增效剂是一类新广谱抗菌药，与磺胺药并用能显著增强疗效，又能与一些抗生素（如四环素、庆大霉素）起到协同作用，在疫病防治上具有广阔的应用前景。目前常用的抗菌增效剂有三甲氧苄氨嘧啶（TMP）和二甲氧苄氨嘧啶（DVD，又称敌菌净），按 1∶5 的比例与磺胺药混合使用，可使磺胺药的抗菌效力提高数倍至数十倍。三甲氧苄氨嘧啶和磺胺药的复方制剂如复方磺胺嘧啶（SD-TMP）和复方新诺明（SMZ-TMP）等，对多种传染病有良好疗效，内服量为羊每千克体重每次 20~25 毫克，1 日 2 次。二甲氧苄氨嘧啶的抗菌作用与三甲氧苄氨嘧啶相似，其价格比较低廉，毒性反应较小，内服后吸收较差，在胃肠道内保持较高抑菌浓度，故常以其复方制剂（复方敌菌净）防治羔羊肠道感染，剂量和用法与复方新诺明相同。

饲料添加剂可促进羊的生长发育，并且可增强其抗感染的能力。目前广泛使用的饲料添加剂含有各种维生素、无机盐、氨基酸、抗氧化剂、抗生素、中草药等，并且添加剂的成分和用量每年都在被研究改进，以便不断提高羊的生产性能和抗病能力。

微生态制剂是根据微生态学原理，利用机体正常的有益微生物或其促进物质制成的一种新型活菌制剂。微生态制剂近10年来在国内外发展很快，广泛用于人类、动物和植物。用于动物者称为动物微生态制剂。目前国内已有促菌生、乳康生、调痢生、健复生等10余种制剂。这类制剂的特点是，具有调整动物肠道菌群比例失调、抑制肠道内病原菌增殖、防止幼畜下痢等功能，并有促进动物生长、提高饲料利用率等作用。本品粉剂可供拌料（用量为饲料的0.1%~2.0%），片剂可供口服。应避免与抗菌药物同时服用。

（七）组织定期驱虫

为了预防羊的寄生虫病，应在发病季节到来之前，用药物给羊群进行预防性驱虫。预防性驱虫的时机根据寄生虫病季节动态调查确定。例如，某地的肺线虫病主要发生于11~12月份及翌年的4~5月份，那就应该在秋末冬初草枯以前（10月底或11月初）和春末夏初羊抢青以前（3~4月份）各进行1次药物驱虫；也可将驱虫药小剂量地混在饲料内，在整个冬季补饲期间让羊食用。

预防性驱虫所用的药物有多种，应视病的流行情况选择应用。丙硫咪唑（丙硫苯咪唑）具有高效、低毒、广谱的优点，对羊常见的胃肠道线虫、肺线虫、肝片吸虫和绦虫均有效，可同时驱除混合感染的多种寄生虫，是较理想的驱虫药物。使用驱虫药时，要求剂量准确，并且要先做小群驱虫试验，取得经验后再进行全群驱虫。驱虫过程中发现病羊，应进行对症治疗，及时解救出现毒、副作用的羊。

药浴是防治羊的外寄生虫病，特别是羊螨病的有效措施。可在剪毛后10天左右进行。药浴液可用0.1%~0.2%杀虫脒（氯苯脒）水溶液、1%敌百虫水溶液或速灭菊酯（80~200毫克／升）、溴氰菊酯（50毫克／升）。也可用石硫合剂，其配法为生石灰7.5千克、硫黄粉末1.5千克，用水拌

成糊状，加水150升，边煮边拌，直至煮沸呈浓茶色为止，弃去下面的沉渣，上清液便是母液。在母液内加500升温水，即成药浴液。药浴可在特建的药浴池内进行，或在特设的淋浴场淋浴，也可用人工方法抓羊在大盆（缸）中逐只洗浴。

二、羊病的诊疗和检验技术

（一）临床诊断

临床诊断法是诊断羊病最常用的方法。通过问诊、视诊、触诊、叩诊和嗅诊所发现的症状表现及异常变化，综合起来加以分析，往往可以对疾病做出诊断，或为进一步检验提供依据。

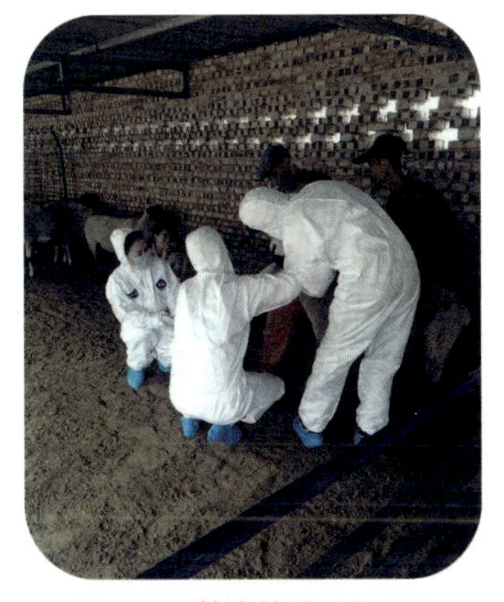

图 4–7　羊病的诊疗和诊断

1. 问诊　通过询问畜主或饲养员，了解羊发病的有关情况。询问内容一般包括：发病时间，发病头数，病前和病后的异常表现，以往的病史、治疗情况、免疫接种情况，饲养管理情况以及羊的年龄、性别等。但在听取其回答时，应考虑所谈情况与当事人的利害关系（责任），分析其可靠性。

2. 视诊　观察病羊的表现。视诊时，最好先从离病羊几步远的地方观察羊的肥瘦、姿势、步态等情况；然后靠近病羊详细察看被毛、皮肤、黏膜、结膜、粪尿等情况。

（1）肥瘦　一般急性病，如急性鼓胀、急性炭疽等，病羊身体仍然肥壮；相反，一般慢性病，如寄生虫病等，病羊身体多瘦弱。

（2）姿势　观察病羊一举一动是否与平素相同，如果不同就可能是有病的表现。有些疾病表现出特殊的姿势，如患破伤风病羊表现四肢僵直、行动不灵便。

（3）步态　一般健康羊步行活泼而稳定。羊患病时，常表现行动不稳，或不喜行走。羊的四肢肌肉、关节或蹄部发生疾病时，则表现为跛行。

（4）被毛和皮肤　健康羊的被毛平整而不易脱落，富有光泽。羊在患病时，被毛粗乱蓬松，失去光泽，而且容易脱落。患螨病的羊，患部被毛可能成片脱落，同时皮肤变厚变硬，出现蹭痒和擦伤。在检查皮肤时，除注意皮肤的颜色外，还要注意有无水肿、炎性肿胀、外伤以及皮肤是否温热等。

（5）黏膜　一般健康羊的眼结膜、鼻腔、口腔、阴道和肛门黏膜呈光滑粉红色。如口腔黏膜发红，多半由于体温升高，身体有发炎的地方。黏膜发红并带有红点、血丝或呈紫色，是由于严重的中毒或传染病引起的。黏膜呈苍白色，多为患贫血病；呈黄色，多为患黄疸病；呈蓝色，多为肺脏、心脏患病。

（6）吃食、饮水、口腔、粪尿　羊吃食或饮水忽然增多或减少，以及喜欢舔泥土、吃草根等，是有病的表现，可能是慢性营养不良。反刍减少、无力或停止，表示羊的前胃有病。口腔有病时，如喉头炎、口腔溃疡、舌有烂伤等，打开口腔就可以看出来。羊的排粪也要检查，主要检查其形状、硬度、色泽及附着物等。正常时，羊粪呈小球形，没有难闻臭味。羊患病状态下，粪便有臭味，见于各型肠炎；粪便过于干燥，多为缺水和肠弛缓；粪便过于稀薄，多为肠机能亢进；前部肠管出血粪呈黑褐色，

后部出血则呈鲜红色；粪内有大量黏液，表示肠黏膜有卡他性炎症；粪便混有完整谷粒和纤维很粗，表示消化不良；混有纤维素膜时，表示患纤维素性肠炎；混有寄生虫及其节片时，表示体内有寄生虫。正常羊每天排尿 3~4 次，排尿次数和尿量过多或过少，以及排尿痛苦、失禁，都是有病的征候。

（7）呼吸　正常时，羊每分钟呼吸 12~20 次。呼吸次数增多，常见于热性病、呼吸系统疾病、心脏衰弱及贫血、腹压升高等；呼吸次数减少，主要见于某些中毒、代谢障碍、昏迷。另外，还要检查呼吸型、呼吸节律以及呼吸是否困难等。

3. 嗅诊　诊断羊病时，嗅闻分泌物、排泄物、呼出气体及口腔气味很重要。如肺坏疽时，羊鼻液带有腐败性恶臭；胃肠炎时，羊粪便腥臭或恶臭；消化不良时，可从羊呼气中闻到酸臭味。

4. 触诊　用指或手指尖感触被检查的部位，并稍加压力，以便确定被检查的各个器官组织是否正常。触诊常用如下几种方法。

（1）皮肤检查　主要检查皮肤的弹性、温度、有无肿胀和伤口等。羊的营养不好，或得过皮肤病，皮肤就没有弹性。发高烧时，皮温会升高。

（2）体温检查　一般用手摸羊耳朵或把手插进羊嘴里去握住舌头，可以知道病羊是否发烧。但是准确的方法是用体温计测量。在给病羊量体温时，先把体温计的水银柱甩下去，涂上油或水以后，再慢慢插入羊的肛门里，体温计的 1/3 留在肛门外面，插入后滞留的时间一般为 2~5 分钟。羊的体温，一般幼羊比成年羊高一些，热天比冷天高一些，运动后比运动前高一些，这些都是正常的生理现象。羊的正常体温是 38~40℃。如高于正常体温，则为发热，常见于传染病发作。

（3）脉搏检查　检查时注意每分钟跳动次数和强弱等。检查羊脉搏是用手指摸后肢股部内侧的动脉。健康羊每分钟脉搏跳动 70~80 次。羊有病时脉搏的跳动次数和强弱都和正常羊的不同。

（4）体表淋巴结检查　主要检查颌下、肩前、膝上和乳房上淋巴结。当羊发生结核病、伪结核病、羊链球菌病时，体表淋巴结往往肿大，其形状、硬度、温度、敏感性及活动性等也会发生变化。

（5）人工诱咳检查　检查者立在羊的左侧，用右手捏压气管前 3 个软骨环，羊有病时，就容易引起咳嗽。羊发生肺炎、胸膜炎、结核时，咳嗽声低弱；发生喉炎及支气管炎时，则咳嗽强而有力。

5. 听诊　听诊是利用听觉来判断羊是否患病。最常用的听诊部位为胸部（心、肺）和腹部（胃、肠）。听诊的方法有两种：一种是直接听诊，即将一块布铺在被检查的部位，然后把耳朵紧贴其上，直接听羊体内的声音；另一种是间接听诊，即用听诊器听诊。不论用哪种方法听诊，都应当把病羊牵到清静的地方，以免受外界杂音的干扰。

（1）心脏听诊　听诊心脏跳动的声音，正常时可听到“嘣——咚”两个交替发出的声音。“嘣”音为心脏收缩时所产生的声音，其特点是低、钝、长、间隔时间短，叫作第一心音。“咚”音为心脏舒张时所产生的声音，其特点是高、锐、间隔时间长，叫作第二心音。第一、第二心音均增强，见于热性病的初期；第一、第二心音均减弱，见于心脏机能障碍的后期或患有渗出性胸膜炎、心包炎；第一心音增强时，常伴有明显的心脏搏动增强和第二心音微弱，主要见于心脏衰弱的后期，排血量减少、动脉压下降；第二心音增强时，见于肺气肿、肾炎等患病过程中。如果听到正常心音以外的其他杂音，多为瓣膜疾病、创伤性心包炎、胸膜炎等。

（2）肺脏听诊　听取羊肺脏在吸入和呼出空气时，由于肺脏振动而产生的声音。一般有下列 5 种：

①肺泡呼吸音　健康羊吸气时从肺部可听到“夫”的声音，呼气时

可以听到“呼”的声音，称为肺泡呼吸音。肺泡呼吸音过强，多为支气管炎、黏膜肿胀等；过弱时，多为肺泡肿胀、肺泡气肿、渗出性胸膜炎等。

图 4-8　肺脏听诊

②支气管呼吸音　支气管呼吸音是空气通过喉头狭窄部所发出的声音，类似“赫”的声音。如果在肺部听到这种声音，多为肺炎的肝变期，见于羊的传染性胸膜肺炎等病。

③啰音　啰音是支气管发炎时，管内积有分泌物，被呼吸的气流冲动而发出的声音。啰音可分为干啰音和湿啰音两种。干啰音甚为复杂，有咝咝声、笛声、口哨声及猫鸣声等，多见于慢性支气管炎、慢性肺气肿、肺结核等。湿啰音类似含漱音、沸腾音或水泡破裂音，多发生于肺水肿、肺充血、肺出血、慢性肺炎等。

④捻发音　这种声音像用手指捻毛发时所发出的声音，多发生于慢性肺炎、肺水肿等。

⑤摩擦音　一般有两种，一种为胸膜摩擦音，多发生在肺脏与胸膜之间，多见于纤维素性胸膜炎、胸膜结核等。因为胸膜发炎，纤维素沉积，使胸膜变得粗糙，当呼吸时，互相摩擦而发出声音，这种声音像一手贴在耳上，用另一手的手指轻轻摩擦贴耳的手背所发出的声音。另一种为

心包摩擦音，当发生纤维素性心包炎时，心包的两叶失去润滑性，因而伴随心脏的跳动两叶互相摩擦而发生杂音。

（3）腹部听诊　主要听取腹部胃肠运动的声音。羊健康的时候，于左肷窝可听到瘤胃蠕动音，呈逐渐增强又逐渐减弱的沙沙音，每两分钟可听到3~6次。羊患前胃弛缓或发热性疾病时，瘤胃蠕动音减弱或消失。羊的肠音类似于流水声或漱口声，正常时较弱。在羊患肠炎初期，肠音亢进，便秘时肠音消失。

6. 叩诊　用手指或叩诊锤来叩打羊体表部分或体表的垫着物（如手指或垫板），借助所发声音来判断内脏的活动状态。羊叩诊方法是左手食指或中指平放在检查部位，右手中指由第二关节成直角弯曲，向左手食指或中指第二关节上敲打。叩诊的音响有：清音、浊音、半浊音、鼓音。清音为叩诊健康羊的胸廓所发出的持续、高而清的声音。浊音为羊健康状态下，叩打臀及肩部肌肉时发出的声音；在羊患病状态下，当羊胸腔积聚大量渗出液时，叩打胸壁出现水平浊音。半浊音为介于浊音和清音之间的一种声音，叩打含少量气体的组织，如肺缘，可发出这种声音。羊患支气管肺炎时，肺泡含气量减少，叩诊呈半浊音。鼓音，如叩打左侧瘤胃处，发鼓响音；若瘤胃鼓胀，则鼓响音增强。

（二）病料送检

羊群发生疑似传染病时，应将病料送有关诊断实验室检验。病料的采取、保存和运送对疾病的诊断至关重要。

1. 病料的采取

（1）剖检前检查　凡发现羊急性死亡时，必须先用显微镜检查其末梢血液抹片中有无炭疽杆菌存在。如怀疑是炭疽，则不可随意剖检，只有在确定不是炭疽时，方可进行剖检。

（2）取材时间　内脏病料的采取须于羊死亡后立即进行，最好不超

过 6 小时，否则时间过长，由于肠内侵入其他细菌，易使尸体腐败，影响病原微生物检出的准确性。

图 4–9　实验室检验

（3）器械的消毒　刀、剪、镊子、注射器、针头等应煮沸 30 分钟。器皿（玻璃制、陶制、珐琅制等）可用高压灭菌或干烤灭菌。软木塞、橡皮塞置于 0.5% 石炭酸水溶液中煮沸 10 分钟。1 种病料使用 1 套器械和容器，不可混用。

（4）病料采取　应根据不同的传染病，相应地采取该病常受侵害的脏器或内容物。如败血性传染病可采取心、肝、脾、肺、肾、淋巴结、胃、肠等；肠毒血症采取小肠及其内容物；有神经症状的传染病采取脑、脊髓等。如无法判定是哪种传染病，可进行全面采取。检查血清抗体时，采取血液，凝固后析出血清，将血清装入灭菌小瓶中送检。为了避免杂菌污染，对病变的检查应待病料采取完毕后再进行。供显微镜检查用的脓、血液及黏液抹片，可按下述方法制作：先将材料置于载玻片上，再用灭菌玻棒均匀涂抹或以另一玻片一端的边缘与载玻片成 45° 角推抹之；用组织块作触片时，可持小镊将组织块的游离面在载玻片上轻轻涂抹即可。做成的抹片、触片上应注明号码，并另附说明。

2. 病料的保存　病料采取后，如不能立即检验，或需送往有关单位检验，应当装入容器并加入适量的保存剂，使病料尽量保持新鲜状态。

（1）细菌检验材料的保存　将脏器组织块保存于装有饱和氯化钠溶液或 30% 甘油缓冲盐水的容器中，容器加塞封固。病料如为液体，可装

在封闭的毛细玻璃管或试管中运送。饱和氯化钠溶液的配制法是：蒸馏水 100 毫升、氯化钠 38~39 克，充分搅拌溶解后，用数层纱布过滤，高压灭菌后备用。30% 甘油缓冲盐水溶液的配制法是：中性甘油 30 毫升、氯化钠 0.5 克、碱性磷酸钠 1 克，加蒸馏水至 100 毫升，混合后高压灭菌备用。

（2）病毒检验材料的保存　将脏器组织块保存于装有 50% 甘油缓冲盐水或鸡蛋生理盐水的容器中，容器加塞封固。50% 甘油缓冲盐水溶液的配制方法是：氯化钠 2.5 克、酸性磷酸钠 0.46 克、碱性磷酸钠 10.74 克，溶于 100 毫升中性蒸馏水中，加纯中性甘油 150 毫升、中性蒸馏水 50 毫升，混合分装后，高压灭菌备用。鸡蛋生理盐水的配制法是：先将新鲜鸡蛋表面用碘酒消毒，然后打开将内容物倾入灭菌容器内，按全蛋 9 份加入灭菌生理盐水 1 份，摇匀后用灭菌纱布过滤，再加热至 56~58℃，持续 30 分钟，第二天及第三天按上述方法再加热 1 次，即可应用。

（3）病理组织学检验材料的保存　10% 福尔马林溶液或 95% 酒精中固定；固定液的用量应为送检病料的 10 倍以上。如用 10% 福尔马林溶液固定，应在 24 小时后换新鲜溶液 1 次。严寒季节为防病料冻结，可将上述固定好的组织块取出，保存于甘油和 10% 福尔马林等量混合液中。

3. 病料的运送　装病料的容器要一一标号，详细记录，并附病料送检单。病料包装要求安全稳妥，对于危险材料、怕热或怕冻的材料要分别采取措施。一般供病原学检验的材料怕热，供病理学检验的材料怕冻。前者应放入加有冰块的保温瓶内送检，如无冰块，可在保温瓶内放入氯化铵 450~500 克，加水 1500 毫升，上层放病料，这样能使保温瓶内保持 0℃达 24 小时。包装好的病料要尽快运送，长途以空运为宜。

（三）给药方法

羊的给药方法有多种，应根据病情、药物的性质、羊的大小和头数，选择适当的给药方法。

1. 群体给药法　为了预防或治疗羊的传染病和寄生虫病以及促进畜禽发育、生长等，常常对羊群施用药物，如抗菌药（四环素族抗生素、磺胺类药、硝基呋喃类药等）、驱虫药（如硫苯咪唑等）、饲料添加剂、微生态制剂（如促菌生、调痢生等）等。大群用药前，最好先做小批的药物毒性及药效试验。常用给药方法有以下两种。

（1）混饲给药　将药物均匀混入饲料中，让羊吃料时能同时吃进药物。此法简便易行，适用于长期投药。不溶于水的药物用此法更恰当。应用此法时要注意药物与饲料的混合必须均匀，并应准确掌握饲料中药物所占的比例。有些药适口性差，混饲给药时要少添多喂。

（2）混水给药　将药物溶解于水中，让羊只自由饮用。有些疫苗也可用此法投服。对因病不能吃食但还能饮水的羊，此法尤其适用。采用此法须注意根据羊可能饮水的量，来计算药量与药液浓度。在给药前，一般应停止饮水半天，以保证每只羊都能饮到一定量的水。所用药物应易溶于水。有些药物在水中时间长了易破坏变质，此时应限时饮用药液，以防止药物失效。

2. 口服法

（1）长颈瓶给药法　当给羊灌服稀药液时，可将药液倒入细口长颈的玻璃瓶、塑料瓶或一般的酒瓶中，抬高羊的嘴巴，给药者右手拿药瓶，左手用食、中二指自羊右口角伸入口内，轻轻压迫舌头，羊口即张开；然后，右手将药瓶口从左口角伸入羊口中，并将左手抽出，待

图 4–10　长颈瓶给药

瓶口伸到舌头中段，即抬高瓶底，将药液灌入。

（2）药板给药法　专用于给羊服用舔剂。舔剂不流动，在口腔中不会向咽部滑动，因而不致发生误咽。给药时，用竹制或木制的药板。药板长约30厘米、宽约3厘米、厚约3毫米，表面须光滑没有棱角。给药者站在羊的右侧，左手将开口器放入羊口中，右手持药板，用药板前部刮取药物。从右口角伸入口内到达舌根部，将药板翻转，轻轻按压，并向后抽出，把药抹在舌根部，待羊下咽后，再抹第二次，如此反复进行，直到把药给完。

3. 灌肠法　灌肠法是将药物配成液体，直接灌入羊的直肠内。可用小橡皮管灌肠。先将直肠内的粪便清除，然后在橡皮管前端涂上凡士林，插入直肠内，把连接橡皮管的盛药容器提高到羊的背部以上。灌肠完毕后，拔出橡皮管，用手压住肛门或拍打尾根部，以防药液喷出。灌肠药液的温度应与体温一致。

4. 胃管法　羊插入胃管的方法有两种，一是经鼻腔插入，二是经口腔插入。

（1）经鼻腔插入　先将胃管插入鼻孔，沿下鼻道慢慢送入，到达咽部时，有阻挡感觉，待羊进行吞咽动作时乘机送入食道。如不吞咽，可轻轻来回抽动胃管，诱发吞咽。胃管通过咽部后，如进入食道，继续深送会感到稍有阻力，这时要向胃管内用力吹气，或用橡皮球打气，如见左侧颈沟有起伏，表示胃管已进入食道。如胃管误入气管，多数羊会表现不安、咳嗽，继续深送，感觉毫无阻力，向胃管内吹气，左侧颈沟看不见波动，用手在左侧颈沟胸腔入口处摸不到胃管，同时，胃管末端有与呼吸一致的气流出现。如胃管已进入食道，继续深送即可到达胃内。此时从胃管内排出酸臭气体，将胃管放低时则流出胃内容物。

（2）经口腔插入　先装好木质开口器，用绳固定在羊头部，将胃管

通过木质开口器的中间孔沿上腭直插入咽部，借吞咽动作胃管可顺利进入食道，继续深送，胃管即可到达胃内。

胃管插入正确后，即可接上漏斗灌药。药液灌完后，再灌少量清水，然后取掉漏斗，用嘴对胃管吹气，或用橡皮球打气，使胃管内残留的液体完全入胃，用拇指堵住胃管管口，或折叠胃管，慢慢抽出。该法适用于灌服大量水剂及有刺激性的药液。患咽炎、咽喉炎或咳嗽严重的病羊，不可用胃管灌药。

5. 注射法　注射法是将灭过菌的液体药物用注射器注入羊的体内。注射前，要将注射器和针头用清水洗净，煮沸 30 分钟。注射器吸入药液后要直立推进注射器活塞，排除管内气泡，再用酒精棉花包住针头，准备注射。

图 4–11　给羊注射药

（1）皮下注射　把药液注射到羊的皮肤和肌肉之间。羊的注射部位是在颈部或股内侧皮肤松软处。注射时，先把注射部位的毛剪净，涂上碘酒，用左手捏起注射部位的皮肤，右手持注射器，将针头斜向刺入皮肤，如针头能左右自由活动，即可注入药液。注毕拔出针头，在注射点上涂擦碘酒。凡易于溶解又无刺激性的药物及疫苗等，均可进行皮下注射。

（2）肌内注射　将灭菌的药液注入肌肉比较多的部位。

羊的注射部位是在颈部。注射方法基本上与皮下注射相同，不同之处是，注射时以左手拇、食指成“八”字形压住所要注射部位的肌肉，右手持注射器将针头向肌肉组织内垂直刺入，即可注药。一般刺激性小、吸收缓慢的药液，如青霉素等，均可采用肌内注射。

（3）静脉注射　将灭菌的药液直接注射到静脉内，使药液随血流很快分布到全身，迅速发生药效。羊的注射部位是颈静脉。注射方法是将注射部位的毛剪净，涂上碘酒，先用左手按压静脉靠近心脏的一端，使其怒张，右手持注射器，将针头向上刺入静脉内，如有血液回流，则表示已插入静脉内，然后用右手推动活塞，将药液注入。药液注射完毕后，左手按住刺入孔，右手拔针，在注射处涂擦碘酒即可。如药液量大，也可使用静脉输入器，其注射分两步进行，先将针头刺入静脉，再接上静脉输入器。凡输液（如生理盐水、葡萄糖溶液等），以及药物刺激性大，不宜皮下或肌内注射的药物（如九一四、氯化钙等），多采用静脉注射。

（4）气管注射　将药液直接注入气管内。注射时，羊只多取侧卧绑定，且头高臀低；将针头穿过气管软骨环之间，垂直刺入，摇动针头，若感觉针头确已进入气管，接上注射器，抽动活塞，见有气泡，即可将药液缓缓注入。如欲使药液流入两侧肺中，则应注射两次，第二次注射时，须将羊翻转，卧于另一侧。本法适用于治疗气管、支气管和肺部疾病，也常用于肺部驱虫（如羊肺线虫病）。

（5）羊瘤胃穿刺　当羊发生瘤胃臌气时可采用此法。穿刺部位是在左肷窝中央臌气最高的部位。其方法是局部剪毛，用碘酒涂擦消毒，将皮肤稍向上移，然后将套管针或普通针头垂直或朝右侧肘头方向刺入皮

肤及瘤胃壁，放出气体后，可从套管针孔注入止酵防腐药。拔出套管针后，穿刺孔用碘酒涂擦消毒。

三、羊的主要传染病

1. 羊炭疽

【诊断要点】炭疽是人畜共患的急性、热性、败血性传染病。羊多呈最急性，突然发病，眩晕，可视黏膜发绀，天然孔出血。

【流行特点】各种家畜及人对该病都有易感性，羊的易感性高。病羊是主要传染源，濒死病羊体内及其排泄物中常有大量菌体，若尸体处理不当，炭疽杆菌形成芽孢并污染土壤、水、牧地，则可成为长久的疫源地。羊吃了污染的饲料或饮用污染的水而感染，也可经呼吸道或由吸血昆虫叮咬而感染。本病多发于夏季，呈散发或地方性流行。

【临床症状】多为最急性，突然发病，患羊昏迷，眩晕，摇摆，倒地，呼吸困难，结膜发绀，全身战栗，磨牙，口、鼻流出血色泡沫，肛门、阴门流出血液且不易凝固，数分钟即可死亡。羊病情缓和时，兴奋不安，行走摇摆，呼吸加快，心跳加速，黏膜发绀，后期全身痉挛，天然孔出血，数小时内即可死亡。

【病理变化】死后尸体迅速腐败而极度鼓胀，天然孔流血，血液呈酱油色煤焦油样，凝固不良，可视黏膜发绀或有点状出血，尸僵不全。对死于炭疽的羊，严禁解剖。

【类症鉴别】羊炭疽和羊快疫、羊肠毒血症、羊猝击、羊黑疫在临床症状上相似，都是突然发病，病程短促，很快死亡，应注意鉴别诊断。其中羊快疫用病羊肝被膜触片，美蓝染色，镜检可发现无关节长链状的腐败梭菌。羊肠毒血症在病羊肾脏等实质器官内可见 D 型魏氏梭菌，在

肠内容物中能检出魏氏梭菌毒素。羊猝击用病羊体腔渗出液和脾脏抹片，可见 C 型魏氏梭菌，从小肠内容物中能检出魏氏梭菌 E 毒素。羊黑疫用病羊肝坏死灶涂片可见两端钝圆、粗大的 B 型诺维氏梭菌。

【防治措施】经常发生炭疽及受威胁地区的易感羊，每年均应作预防接种。目前，我国应用的有两种疫苗：一种是无毒炭疽芽孢苗（对山羊毒力较强，不宜使用），对绵羊可皮下接种 0.5 毫升；另一种是第Ⅱ号炭疽芽孢苗，对山羊和绵羊均皮下接种 1 毫升。山羊和绵羊的炭疽，病程短，常来不及治疗。对病程稍缓和的病羊治疗时，必须在严格隔离条件下进行。可采用特异血清疗法结合药物治疗。病羊皮下或静脉注射抗炭疽血清 30~60 毫升，必要时于 12 小时后再注射 1 次，病初应用效果好。炭疽杆菌对青霉素、土霉素及氯霉素敏感。其中青霉素最常用，剂量为每千克体重 1.5 万单位，每 8 小时肌内注射 1 次，直到体温下降后再继续注射 2~3 天。

有炭疽病例发生时，应及时隔离病羊，对污染的羊舍、用具及地面要彻底消毒，可用 10% 热氢氧化钠液或 20% 漂白粉连续消毒 3 次，每次间隔 1 小时。病羊群除去病羊后，全群应用抗菌药 3 天，有一定预防作用。

2. 破伤风 破伤风是人、畜共患的一种创伤性、中毒性传染病，其特征是患病者全身肌肉发生强直性痉挛，对外界刺激的反射兴奋性增强。

图 4-12 患破伤风的羊

【诊断要点】根据病羊的创伤史和比较特殊而且明显的临床症状，确诊不难。

【流行特点】该病的病原破伤风梭菌在自然界中广泛存

在，羊经创伤感染破伤风梭菌后，如果创口内具备缺氧条件，病原在创口内生长繁殖产生毒素，作用于中枢神经系统而发病。常见于外伤、阉割和脐部感染。在临诊上有不少病例往往找不出创伤，这种情况可能是在破伤风潜伏期创伤已经愈合，也可能是经胃肠黏膜的损伤而感染。该病以散发形式出现。

【临床症状】病初症状不明显，后来表现为不能自由卧下或起立，四肢逐渐强直，运步困难，角弓反张，牙关紧闭，流涎，尾直，常发生轻度肠鼓胀。突然的音响可使骨骼肌发生痉挛，致使病羊倒地。发病后期，常因急性胃肠炎而引起腹泻。病死率很高。

【防治措施】治疗时可将病羊置于光线较暗的安静处，给予易消化的饲料和充足的饮水。彻底消除伤口内的坏死组织，用 3% 过氧化氢、1% 高锰酸钾或 5%~10% 碘酊进行消毒处理。病初应用破伤风抗毒素 5 万~10 万单位肌内或静脉注射，以中和毒素；为了缓解肌肉痉挛，可用氯丙嗪（每 1 克体重 0.002）或 25% 硫酸镁注射液 100 毫升肌内注射，并配合应用 5% 碳酸氢钠 100 毫升静脉注射。对长期不能采食的病羊，还应每天补糖、补液，当病羊牙关紧闭时，可用 3% 普鲁卡因 5 毫升和 0.1% 肾上腺素 0.2~0.5 毫升，混合注入咬肌。中药用防风散或千金散，根据病情加减。

预防本病，应注意在发生外伤时立即用碘酊消毒；阉割羊或处理羔羊脐带时，要严格消毒。

3. 羊坏死杆菌病　坏死杆菌病是畜禽共患的一种慢性传染病。在临床上表现为皮肤、皮下组织和消化道黏膜的坏死，有时在其他脏器上形成转移性坏死灶。

【诊断要点】根据流行情况和临床症状，基本上可以确诊。

【流行特点】坏死梭杆菌在自然界分布很广，动物的粪便、死水坑、沼泽和土壤中均存在，通过损伤的皮肤或黏膜而感染，多见于低洼潮湿

地区和多雨季节，呈散发性或地方性流行。

【临床症状】绵羊患坏死杆菌病多于山羊，常侵害蹄部，引起腐蹄病。初呈跛行，多为一肢患病，蹄间隙、蹄和蹄冠开始红肿、热痛，而后溃烂，挤压肿烂部有发臭的脓样液体流出。随病变发展，可波及腱、韧带和关节，有时蹄匣脱落。绵羊羔可发生唇疮，在鼻、唇、眼部甚至口腔发生结节和水泡，随后成棕色痂块。轻症病例能很快恢复，重症病例若治疗不及时，往往由于内脏形成转移性坏死灶而死亡。

【实验诊断】从病羊的病灶与健康组织的交界处采取病料涂片，用稀释石炭酸复红或碱性美蓝加温染色、镜检，发现着色不匀，犹如串珠状细长丝状菌即可作出诊断，必要时可进行分离培养及动物试验确诊。

【防治措施】对羊腐蹄病的治疗，首先要清除坏死组织，用食醋、3%来苏儿或1%高锰酸钾溶液冲洗，或用6%福尔马林或5%~10%硫酸铜溶液脚浴，然后用抗生素软膏涂抹，为防止硬物刺激，可将患部用绷带包扎。当发生转移性病灶时，应进行全身治疗，以注射磺胺嘧啶或土霉素效果最好，连用5日，并配合应用强心和解毒药，可促进康复，提高治愈率。

预防本病，应加强管理，保持羊圈的干燥，避免发生外伤，如发生外伤，应及时涂擦碘酊。

4. 羔羊大肠杆菌　病羔羊大肠杆菌病是由致病性大肠杆菌引起的一种幼羔急性、致死性传染病。临床上表现为腹泻或败血症。

【诊断要点】依据临床症状、病理变化和流行情况，可作出初步诊断，确诊须进行实验诊断。

【流行特点】多发生于数日至6周龄的羔羊，有些地方3~8月龄的羊也有发生，呈地方性流行，也有散发的。该病的发生与气候不良、营养不足、场地潮湿污秽等有关。放牧季节很少发生，冬春舍饲期间常发。经消化道感染。

【临床症状】潜伏期 1~2 天。分为败血型和下痢型两型。

（1）败血型多发生于 2~6 周龄羔羊。病羊体温 41~42℃。精神沉郁，迅速虚脱，有轻微的腹泻或不腹泻，有的带有神经症状，运步失调、磨牙、视力障碍，有的病例出现关节炎，多于病后 4~12 小时死亡。

（2）下痢型多发生于 2~8 日龄新生羔。病初体温略高，出现腹泻后体温下降，粪便呈半液状，带有气泡，有时混有血液。羔羊表现腹痛，虚弱，严重脱水，不能起立。如不及时治疗，可于 24~26 小时死亡，病死率 15%~17%。

【病理变化】败血型者剖检胸、腹腔和心包见大量积液，内有纤维素样物；关节肿大，内含混浊液体或脓性絮片；脑膜充血，有许多小出血点。下痢型者主要为急性胃肠炎，胃内乳凝块发酵，肠黏膜充血、水肿和出血，肠内混有血液和气泡，肠系膜淋巴结肿胀，切面多汁或充血。

【防治措施】大肠杆菌对土霉素、磺胺类和呋喃类药物都有敏感性，但必须配合护理和其他对症疗法。土霉素按每日每千克体重 20~50 毫克，分 2~3 次口服；或按每日每千克体重 10~20 毫克，分两次肌内注射；20% 磺胺嘧啶钠 5~10 毫升，肌内注射，每日两次；或口服复方新诺明，每次每千克体重 20~25 毫克，1 日 2 次，连用 3 天。呋喃唑酮，按每日每千克体重 5~10 毫克，分 2 次内服。也可使用微生态制剂，如促菌生等，按说明拌料或口服，使用此制剂时，不可与抗菌药物同用。新生羔再加胃蛋白酶 0.2~0.3 克。对心脏衰弱的，皮下注射 25% 安钠咖 0.5~1.0 毫升；对脱水严重的，静脉注射 5% 葡萄糖盐水 20~100 毫升；对有兴奋症状的病羔，用水合氯醛 0.1~0.2 克加水灌服。预防本病，主要是对母羊加强饲养管理，做好抓膘、保膘工作，保证新生羔羊健壮、抗病力强，同时应注意羔羊的保暖。特异性预防可使用灭活疫苗。对病羔要立即隔离，及早治疗。对污染的环境、用具要用 3%~5% 来苏儿液消毒。

5. 羊钩端螺旋体病 钩端螺旋体病是由钩端螺旋体引起的人、畜共患的一种自然疫源性传染病。临床特征为黄疸、血色素尿、黏膜和皮肤坏死、短期发热和迅速衰竭。羊感染后多呈隐性经过。

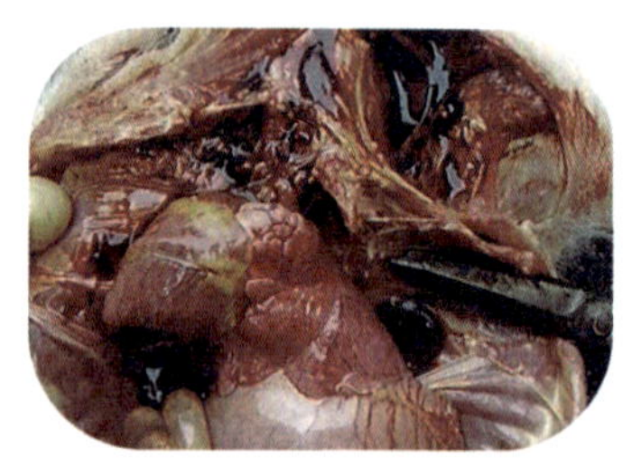

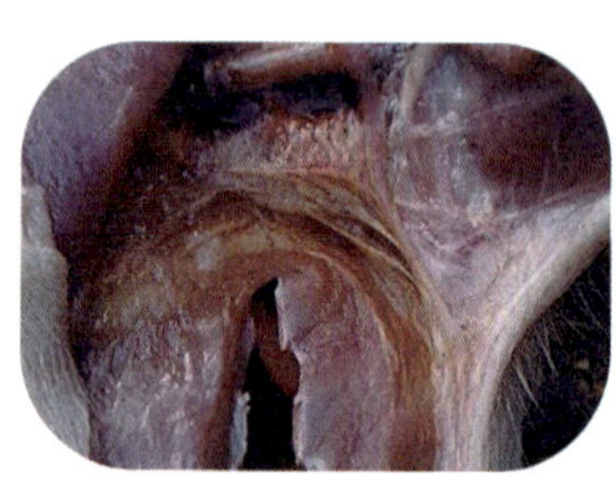

图 4-13 羊钩端螺旋体病症状

【流行特点】该病的易感动物范围广，包括各种家畜和野生动物，其中鼠类最易感。病畜和带菌动物是传染源，特别是带菌鼠在钩端螺旋体病的传播上起着重要的作用。病原从尿排出后，污染周围的水源和土壤，经皮肤、黏膜和消化道而感染。该病多发于夏秋季节，气候温暖、潮湿和多雨地区尤为多发。

【临床症状】潜伏期 4~5 天。一般为隐性感染，少数病例可见发热，饮食和反刍停止，腹泻带血，血尿，黄疸，口腔、鼻黏膜发生坏死，怀孕羊多流产，病羊消瘦。

【病理变化】剖检尸体，黏膜有不同程度的黄染，皮下胶样浸润及出血，肠黏膜及浆膜有大量出血，胸、腹腔有黄色渗出液；肝通常肿大松软，呈黄色或色调不均匀，质地脆弱；肾脏增大数倍，皮质有散在的灰白色病灶；淋巴结肿大、出血。

【防治措施】一般认为链霉素和四环素族抗生素对本病有一定疗效。链霉素按每千克体重 15~25 毫克肌内注射，1 天 2 次，连用 3~5 天；土霉素按每千克体重 10~20 毫克肌内注射，每天 1 次，连用 3~5 天。如使用青霉素，必须大剂量才有疗效。

羊群患该病时，立即隔离，治疗病羊及带菌羊；对污染的水源、场地、栏舍、用具等进行消毒；及时用钩端螺旋体多价苗进行紧急预防接种。在病疫常发地区，平时应进行预防接种，加强饲养管理，以提高羊群的抵抗力。

四、羊常见寄生虫病的防治

1. 肝片吸虫病　又叫肝蛭病，是由肝片吸虫寄生而引起慢性或急性肝炎和胆管炎，同时伴发全身性中毒现象和营养障碍等症状的疾病。本病多发于多雨温暖的季节，采食水草的羊更易患此病。肝片吸虫呈扁平状，形似树叶，略大于南瓜子，全身呈淡红色，吸盘在虫的头部。主要寄生于羊的肝脏内，也能进入胆管和胆囊内。一般在胆管内排卵，卵随羊粪排出后再寄生到一种螺蛳体内。经过多次分裂繁殖，最后成为无数具有侵害能力的幼虫而附在水草上。当羊吃了这种草后，幼虫随草进入羊体内，穿过肠壁，侵入血管和腹腔，再到达胆管。

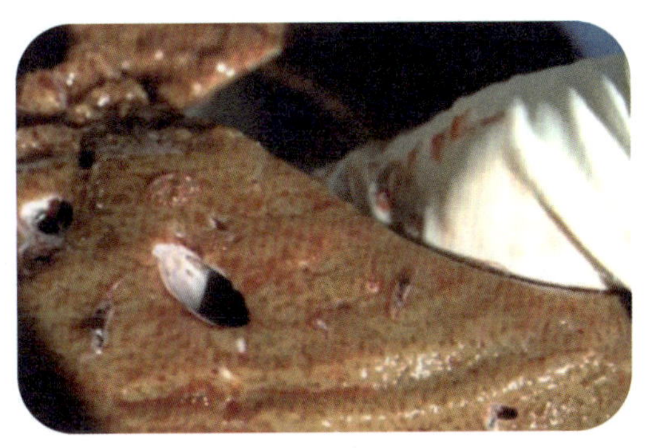

图 4–14　羊肝片吸虫

【症状】病羊初期表现体温升高，腹胀，偶有腹泻，很快出现贫血，黏膜苍白。慢性型表现为黏膜苍白，眼睑、下颌及胸腹下部发生水肿，食欲减退，便秘与腹泻交替发生，逐渐消瘦，喜卧；母羊奶汁稀薄，甚至发生流产。有的至次年饲料改善后逐步恢复；有的到后期则严重贫血，出现下痢，最后死亡。急性型表现为急性肝炎，病羊衰弱、疲倦，贫血，

黏膜苍白，体温增高并有神经症状，严重者迅速死亡（较少见）。

【剖检】尸检观察肝脏和胆管内有无虫体及检查粪便虫卵，即可确诊。

【防治】

（1）预防　①要保证饮水和饲草卫生。应将水草晾晒干后，集中到冬季利用。羊粪要进行堆积发酵处理，利用发酵产热将虫卵杀死；病羊的肝脏要废弃深埋。②采取不同方法灭螺，消灭中间宿主，如药物灭螺、生物灭螺等。可采用 1∶5000 硫酸铜溶液喷洒草地灭螺，效果良好；可饲养鸭、鹅等水禽，消灭螺蛳。③定期驱虫。每年进行 2 次定期预防性驱虫，一次在秋末冬初，另一次在冬末春初。严重感染时每年定期驱虫 3~4 次。

（2）治疗　①用硝氯酚（拜耳 9015）治疗，每千克体重口服 4~6 毫克。此药不溶于水，可拌于精料中喂服，或用片剂口服。该药毒性低、用量小、疗效好，是较好的驱肝片吸虫药物。②用硫双二氯酚（别丁）治疗，每千克体重 100 毫克，加水摇匀后 1 次灌服，疗效显著而安全。③用丙硫咪唑（抗蠕敏）治疗，每千克体重 18 毫克，1 次口服，效果良好，治疗剂量对怀孕母羊无不良影响。④用碘醚柳胺治疗，每千克体重 7.5~10 毫克，1 次口服，对成虫和幼虫效果都好。⑤用硫溴酚治疗，每千克体重 50~60 毫克。此药毒性低，疗效好，对幼虫也有一定效果。

2. 羊胃肠线虫病　羊的皱胃及肠道内经常有不同种类和数量的线虫寄生。羊常见的胃肠线虫有捻转血矛线虫（寄生于皱胃及小肠）、钩虫（寄生于小肠）、食道口线虫（寄生于大肠）和鞭虫（寄生于盲肠）等。各种线虫往往混合感染，可引起不同程度的胃肠炎、消化机能障碍等。各种消化道线虫引起疾病的情况大致相似，其中以捻转血矛线虫危害最严重。

【症状】临床上均以消瘦、贫血、水肿、下痢为特征。急性型的以

羔羊突然死亡为特征，患羊眼结膜苍白，高度贫血；亚急性型的特征是显著的贫血，患羊眼结膜苍白，下颌间和下腹部水肿，身体逐渐衰弱，被毛粗乱，甚至卧地不起，下痢与便秘交替出现，病程2~4个月，如不死亡，则转为慢性。慢性型的症状不明显，体温一般正常，呼吸脉搏频数、心音减弱，病程达7~8个月或1年以上。

【防治】（1）预防 ①羊应饮用干净的流水或井水，粪便应堆积发酵，杀死虫卵。②每半年驱虫1次，选用药物有口服伊维菌素，每千克体重0.2毫克；或口服敌百虫，每千克体重50毫克；或肌内注射左旋咪唑，每千克体重5毫克；或口服丙硫咪唑，每千克体重10毫克。

（2）治疗 可用丙硫咪唑、左旋咪唑、敌百虫等药物治疗，用药量及治疗方法同上。

3. 绦虫病 羊绦虫病是由莫尼茨绦虫、曲子宫绦虫及无卵黄腺绦虫寄生在羊体内而引起的，主要为害羔羊。这三种绦虫既可单独感染，也可混合感染。最常见的为莫尼茨绦虫，虫长1~5米，虫体由许多节片连成，主要寄生在羊的小肠里，待节片成熟后随粪便排出。节片中含有大量虫卵，虫卵被一种地螨吞食后，就在地螨体内孵化，再发育成似囊尾蚴。当羊吃草时吞食了含有似囊尾蚴的地螨后，即感染绦虫病。地螨多在温暖和多雨季节活动，所以羊绦虫病在夏秋两季发病较多。

【症状】成年羊轻微感染时病症不明显。羔羊感染初期出现消化紊乱、食欲减弱而饮水增多，发生下痢和水肿，出现贫血、淋巴结肿大等症状，粪中混有虫体节片。后期病羔表现衰弱，有的肠阻塞而死，有的表现出不安、痉挛等神经症状。末期病羊卧地不起，头向后仰、口吐白沫、反应迟钝，直至死亡。严重感染时，或有继发病，或并发其他疾病时，则易死亡。

【诊断】一般采取患羊粪便，检查有无绦虫节片。感染羊的粪便中

常可见到黄白色节片，即绦虫脱落的体节。

【防治】（1）预防　种植优良牧草，进行深耕，能大量减少地螨，以减少感染。

（2）治疗　①口服丙硫咪唑，按每千克体重5~20毫克制成1%悬浮液灌服。②口服硫双二氯酚（别丁），按每千克体重100毫克的用量加水配成悬浮液，1次灌服，疗效好。③口服氯硝柳胺（灭绦灵），每千克体重50~70毫克。④口服1%的硫酸铜溶液，按每千克体重2毫升的剂量灌服，安全而有效。但应注意硫酸铜一定要溶解在雨水或蒸馏水内，药液要现配，要避免用金属器具盛装药液，喂药前12小时和喂药后2~3小时禁止饮水和吃奶。⑤口服吡喹酮，每千克体重30~50毫克，羔羊不论体重大小均用1克，配成悬浮液灌服，连续5天，疗效较好。

4. 疥癣病　又称羊螨病，是由螨侵袭并寄生于羊的体表而引起皮肤剧烈痒觉的一种慢性皮肤疾病。本病多发生于秋冬季节，尤以幼羊易感染且发病较严重。羊舍阴暗潮湿、饲养管理不当、卫生制度不严、羊群拥挤等都是螨病蔓延的重要原因。

图4–15　患疥癣病的羊

【症状】患羊先皮肤发痒，患部皮肤最初生成针头大至粟粒大的结

节，继而形成水疱，渗出液增多，最后结成浅黄色脂肪样的痂皮，或形成龟裂，常被污染而化脓。多发生在长毛的部位，开始局限于背部或臀部，很快蔓延到体侧。病羊因患部奇痒难忍而到处乱擦乱蹭，啃咬患处，用蹄子扒或在墙上擦，引起皮肤发炎和脓肿，最后使皮肤变厚、失去弹性、发皱并盖满大量痂片，严重时可使羊毛大片脱落，甚至全身脱毛。患羊贫血，消瘦，逐渐死亡。

【防治】（1）预防　①保持栏舍卫生、干燥和通风良好，对栏舍和用具定期消毒。加强检疫工作，对新调入的羊应隔离检查后再混群；病羊应隔离饲养。②每年定期对羊进行药浴。药液可用 0.5%~1% 的敌百虫水溶液，或以 50% 辛硫磷乳油兑水配制成 0.05% 的药液，或 0.2% 甲基杀螨脒水溶液。疥癣病的治疗也常用该法。

（2）治疗　分为涂药疗法和药浴疗法两类。药浴适用于病畜数量多且气候温暖的季节。当在寒冷季节或病畜数量少时，宜用涂药疗法。涂药前，先剪去患部及附近的毛，用温开水擦洗，除去皮表痂皮等脏物。常用的涂药为 0.02%~0.03% 的双甲脒溶液，或 0.5%~1% 的敌百虫溶液，或 0.1%~0.2% 的杀虫脒溶液，或 0.1%~0.5% 的含 10% 溴氰菊酯（敌杀死），疗效都很好。每次涂药面积不得超过体表面积的 1/3，不得把药涂到嘴或眼里，防止羊用舌头舔药而引起中毒。

五、普通病的防治

1. 瘤胃积食　瘤胃积食是瘤胃充满饲料，超过了正常容积，致使胃体积增大，胃壁扩张，食糜滞留在瘤胃中，引起严重消化不良的疾病。由于羊采食了过多的质量不良、粗硬且难于消化的饲草或容易膨胀的饲料，或采食干料而饮水不足，或时饥时饱，突然更换草料等所致。常见于贪食大量的青草、紫云英或甘薯、胡萝卜、马铃薯等；或因饥饿采食了大量谷草、豆秸、花生秧、甘薯藤等而饮水不足，难于消化；或过食谷类饲料，又大量饮水，饲料膨胀，从而导致发病。如不及时进行治疗，常常引起死亡。

【症状】病初不断嗳气，反刍消失，随后嗳气停止，腹痛摇尾，精神沉郁。左侧腹下轻度膨大，肷窝略平或稍凸出，触摸稍感硬实，瘤胃坚实；后期呼吸促迫且困难，脉搏增数。黏膜呈深紫红色，全身衰弱，卧地不起。发生脱水和自体中毒，若无并发症，则体温正常。过食豆谷精料引起的瘤胃积食，通常呈急性，主要表现为中枢神经兴奋性增强、视觉障碍、侧卧、脱水及酸中毒症状。

【防治】（1）预防　定时定量饲喂，防止羊只过食，饲料搭配要适当，不要突然更换饲料。注意适当运动。

（2）治疗　①一旦确诊，首先应予禁食，防止病情进一步恶化。②清肠消导，可用石蜡油 100~200 毫升，人工盐 50 克，芳香氨醑 10 毫升，加水 500 毫升，1 次灌服，或用植物油 150~300 毫升灌服。③解除酸中毒，可用 5% 碳酸氢钠 100 毫升加 5% 葡萄糖 200 毫升，静脉注射。心脏衰弱可用 10% 安钠咖 5 毫升或 10% 樟脑磺酸钠 4 毫升，肌内注射。④若药物治疗无效，可进行瘤胃切开术，取出内容物，并用 1% 的温食盐水洗涤。

2. 急性瘤胃臌气　原发性瘤胃臌气是由于过量采食易发酵的饲料，如初春的嫩草、青贮饲料、豆科植物等；或过食大量的豆饼、豌豆、雨后的青草及腐败的或含有霉菌的干草，或饲料在瘤胃中过度发酵，迅速产生大量气体，致使瘤胃的容积急剧增大，胃壁发生急性扩张并呈现反刍和嗳气障碍的一种疾病。继发性瘤胃臌气多见于前胃疾病或食道阻塞等疾病。

【症状】常于采食发酵的饲料之后迅速发生。病羊开始烦躁不安，

拱背，腹部急性鼓大，尤其是左腹部急剧膨胀，叩诊左腹部呈现鼓音，按压时感觉腹壁紧张。病羊无食欲，反刍、瘤胃蠕动停止，由于肺脏受压，发生呼吸困难。心跳快而弱，眼结膜先变红后变紫，口吐白沫，站立不稳，如不及时治疗，迅速发生窒息或心脏麻痹而死亡。继发性瘤胃臌气由于食道阻塞、前胃弛缓、肠阻塞及创伤性网胃炎等疾病引起，发病较慢，症状较轻，时胀时消，病程可以长达 1 周或几个月。

【防治】

（1）预防　草料要干净，搭配要合理，喂饲要定时定量，防偷食精饲料。不大量喂给粗硬、不易消化的饲料，经常给充足的饮水。在变换草料时，要逐渐变换，限制给量。幼嫩的牧草，特别是豆科植物，应晒干后拌和普通干草饲喂。饲喂多汁和易发酵的饲料应定时、定量，喂后不立即饮水。

（2）治疗　①诱发排气。对轻度瘤胃臌气，可将病羊置于前高后低的位置，然后用涂有松节油或食盐的小木棒夹于其口中，以诱发舌头活动或嗳气、呕吐，同时反复按摩瘤胃。还可将胃导管插入胃内导气。②穿刺排气。当臌气严重、病羊呼吸困难时，应立即采取放气措施，用套管针或长针头穿刺左侧肷部膨胀最明显处。放气时快慢要适中，以防大脑缺氧窒息而昏迷死亡。放气后可用鱼石脂、乳酸各 2 克，陈皮酊 30 毫升，溶化后加适量温水注入瘤胃。③制酵。A. 泡沫性膨胀，宜用二甲基硅油（消胀片）0.5~1 克，或液体石蜡（或植物油）100~300 毫升，1 次灌服。B. 用福尔马林 3~5 毫升加水 300~500 毫升，1 次灌服，或来苏儿 2~5 毫升，加水 200~300 毫升，1 次灌服；或鱼石脂 10 克，70% 酒精 150 毫升，水 50 毫升，用酒精溶解鱼石脂，然后加水 1 次灌服。

3. 前胃弛缓　前胃弛缓是前胃兴奋性和收缩力量降低的疾病。原发性前胃弛缓由不正确的饲养管理方法引起。如饲料单一，品质不良，长

期饲喂难以消化的草料，如稿秆、豆秸等；突然更换饲养方法，供给精料过多，运动不足等。此外，瘤胃臌气、瘤胃积食、肠炎等其他内科、外科、产科疾病亦可继发该病，为继发性前胃弛缓。

【症状】临床以嗳气紊乱，食欲、反刍、胃蠕动减弱为特征。急性前胃弛缓表现为食欲废绝，反刍停止，瘤胃蠕动减弱或停止；瘤胃内容物腐败发酵，产生大量气体，左腹增大，呈间歇性臌气；粪便初期干硬，后期则排恶臭稀粪。慢性前胃弛缓表现为精神沉郁，倦怠无力，被毛蓬乱；体温、呼吸、脉搏无变化，食欲减退，瘤胃蠕动力量减弱，次数减少；瘤胃胀气，便秘和腹泻交替发生，严重者呈现贫血与衰竭，甚至死亡。若为继发性前胃弛缓，常伴有原发病的特征症状。因此，诊断中必须区别该病是原发性还是继发性。

【防治】（1）预防　合理调配饲料，不喂霉败、冰冻等不良饲料，不突然更换饲料。

（2）治疗　①急性前胃弛缓，初期应停喂食 1~2 天，然后供给易消化饲料。②人工盐 20~30 克，石蜡油 100~200 毫升，番木鳖酊 2 毫升，大黄酊 10 毫升，陈皮酊 5 毫升加水 400 毫升，1 次灌服。③ 2% 毛果芸香碱 1 毫升皮下注射。④防止酸中毒可灌服碳酸氢钠 10~15 克。⑤山楂、麦芽、神曲各 50 克，研成粉末灌服。

图 4–16　消化不良的羔羊

4. 羔羊消化不良　由于母羊妊娠后期饲养不良，所产羔羊体质虚弱，食欲不振；初乳质量差，羔羊吃不到足够的初乳，抵抗力极差，从而导致消化不良。

【症状】以腹泻为特征，

病初食欲下降或不愿吃奶，喜卧地，腹痛，粪便由稠变稀，呈灰白色或绿色，并附有气泡，严重的带有血液，最后衰竭死亡。

【防治】（1）预防　加强母羊妊娠后期的饲养管理，增加营养使母羊奶水充足，羔羊有较强的抵抗力。

（2）治疗　①促进消化。乳酶生每次 2~4 克，口服，日服 3 次。②补液健胃。10% 高渗盐水 20 毫升，20% 葡萄糖 100 毫升，维生素 C_{10} 毫升，一次静脉注射。每日 1 次，连用 2~3 次。③抑菌消炎。肌内注射卡那霉素，每千克体重 2 万单位，或氯霉素片 0.1~0.2 克，同胃蛋白酶加水灌服，1 日 3 次。脱水时静脉注射糖盐水 250~300 毫升，10% 安钠咖 1 毫升。

5. 瘫痪病　这是羊的一种运动机能障碍疾病，主要是四肢发生瘫痪，尤以后躯瘫痪更为显著。多见于多胎高产的母羊，由于饲料品种单一，营养不全面，搭配不合理，造成蛋白质、脂肪、糖分、矿物质和维生素的不足或不平衡，营养消耗大大超过营养补充，羊只能依靠分解肌纤维

图 4–17　患瘫痪病的羊

及其组织细孢内的蛋白质来维持机体的能量需要，以致引起新陈代谢的严重失调和组织变性，使机体极度消瘦，导致在妊娠后期或产后哺乳期发病。

【症状】病程为渐进性发展。初期病羊食欲减退，瘤胃蠕动、反刍及排粪尿停止；精神委顿，肌肉发抖，站立不稳，步态蹒跚，甚至摇摆；后躯完全麻痹，前躯尚能活动，但前肢趴在地上不能站立，后肢软弱无力。羊逐渐消瘦，羊毛粗乱而暗灰，黏膜苍白。病程发展后，羊倒地不能站立，经常躺卧，后肢拖拽。头部经常向一侧弯曲，有的类似角弓反张现象。后期昏睡或昏迷，瞳孔散大，有时四肢痉挛。一般体温正常，呼吸浅快，脉搏细弱。

【防治】

（1）预防　加强妊娠母羊的饲养管理，应喂给富含维生素的饲料，尤其在妊娠后期应补喂适量的骨粉、碳酸氢钙等矿物质饲料。栏舍应宽敞，适当增加母羊的活动量，多晒太阳。

（2）治疗　①本病越早抓紧治疗，治愈率越高。补钙疗法比较有效，10% 葡萄糖酸钙 100~200 毫升，缓慢静脉注射；也可静脉注射 5% 氯化钙 60~80 毫升，最好与 10% 葡萄糖注射液一起注射，速度宜慢，3~5 小时后再静脉注射 10% 葡萄糖酸钙 100~200 毫升。②每日口服柠檬酸钠或醋酸钠，每千克体重 300 毫克，即每只羊 15~20 克，连服 4~5 天。③镇跛痛 2~4 毫升肌内注射。